中国海外项目经理悖论领导行为研究

谢智慧　著

中国建筑工业出版社

图书在版编目（CIP）数据

中国海外项目经理悖论领导行为研究 / 谢智慧著
. —北京：中国建筑工业出版社，2023.12
ISBN 978-7-112-29380-3

Ⅰ. ①中… Ⅱ. ①谢… Ⅲ. ①国际承包工程—工程项目管理—研究—中国 Ⅳ. ① F752.68

中国国家版本馆 CIP 数据核字（2023）第 232829 号

责任编辑：朱晓瑜　张智芊
文字编辑：王艺彬
责任校对：赵　力

中国海外项目经理悖论领导行为研究
谢智慧　著
*
中国建筑工业出版社出版、发行（北京海淀三里河路9号）
各地新华书店、建筑书店经销
北京点击世代文化传媒有限公司制版
建工社（河北）印刷有限公司印刷
*
开本：787毫米×1092毫米　1/16　印张：10　字数：176千字
2024年10月第一版　2024年10月第一次印刷
定价：60.00元
ISBN 978－7－112－29380－3
（42149）
版权所有　翻印必究
如有内容及印装质量问题，请联系本社读者服务中心退换
电话：（010）58337283　QQ：2885381756
（地址：北京海淀三里河路9号中国建筑工业出版社604室　邮政编码：100037）

前言

伴随“一带一路”倡议不断深入推进，中国海外项目团队管理者的领导能力逐步成为影响中国企业国际竞争力的重要因素之一。尤其是后疫情时代的海外建设，中国企业外派项目经理不仅要面对跨文化冲突问题，更要适应动态、复杂、竞争的跨文化组织环境，悖论和矛盾是当前跨文化管理中的“新常态”。在跨文化管理中，外派项目经理不仅需要领导不同国家的下属，灵活地应对快速变化的项目环境，还需要时刻面对跨文化管理中固有的悖论。由此，作为海外项目能否成功交付的“核心人员”，外派项目经理面临跨文化领导力的空前挑战。如何在相互竞争又相互联系的跨文化管理中有效地应对文化差异带来的矛盾和张力，就要求外派项目经理必须根据东道国的实际情况及时调整领导方式。因此，基于兼顾矛盾双方的悖论视角破解中国外派项目经理跨文化领导力潜在难题，将为他们更有效地承担领导角色、提升领导能力提供理论依据。

悖论领导行为是指领导者采用看似竞争却相互联系的行为，旨在同时满足工作中的竞争性需求。现有研究中的两种悖论领导行为分别是：人员管理中的悖论领导行为（Paradoxical Leader Behaviors in People Management：PLB-PM）和企业长期发展中的悖论领导行为（Paradoxical Leader Behaviors in Long-term Corporate Development：PLB-CD）。首先，现有两种悖论领导行为无法如实反映跨文化管理中的悖论和矛盾，学者们呼吁应拓展悖论领导行为在跨文化管理中的进一步研究。其次，现有关于领导力和文化的研究大多关注“发达世界”，研究对象也多聚焦于欧美国家外派管理者，缺乏对中国外派管理者领导行为的研究。现有少量国内学者对中国外派管理者的研究分析，大多集中在跨文化适应性、跨文化胜任力和跨文化能力方面。仅有的几篇关于外派管理者跨文化领导力的研究，也停留在领导特质和能力方面的探讨。因此，学者们呼吁应当进一步开发中国外派管理者跨文化领导力的测量工具，更精准地评价外派项目经理的跨文化领导水平。另外，受传统文化的影响，中国人在应对矛盾时更易采取相互联系和全局的观点。中国外派管理者在跨文化管理中更有可能表现出悖论领导行为。因此，本书认为从悖论视角出发，探究外派项目经理跨文化领导力的内涵与结构，是挖掘、发展具有中国本土特色跨文化领导力的突破口。

鉴于以上实践及理论背景，本书系统讨论中国海外项目经理的悖论领导行为（Paradoxical Leader Behaviors in Cross Cultural Management：PLB-CM），主要解决以下几方面的核心问题：（1）中国海外项目经理悖论领导行为的概念内涵及具体行为表现是什么？本问题的讨论有助于我们理解悖论领导行为在跨文化领域基本假设是否存在以及存在的价值。（2）中国海外项目经理悖论领导行为成因及因果校标检验结果是什么？通过对该问题的剖析，本书将系统回答外派领导者在跨文化管理中表现出悖论领导行为的原因。（3）中国海外项目经理悖论领导行为对团队绩效的影响是什么？产生影响的具体路径是什么？本问题的讨论有助于外派项目经理掌握提高团队绩效的治理路径，描绘出外派项目经理悖论领导行为研究主题的全景。为解决上述问题，本书围绕主题设计了四个核心章节，并依次展开。

首先，第3章是中国海外项目经理悖论领导行为概念的产生。本书以越南项目实践调研为基础，采用基于序的指标评价方法，梳理出越南项目冲突矛盾风险评价指标体系，并提出中国外派管理者需要采取“两者兼顾”的悖论领导策略，联结矛盾风险对立面的内生互补关系来解决悖论。基于中国中庸哲学理论，在现有两种悖论领导行为（Zhang et al.，2015；2019）的基础上，提出中国海外项目经理悖论领导行为的概念内涵及其特征。

其次，第4章是质性研究，采用建构理论的方法论——扎根理论研究方法，探索中国海外项目经理悖论领导行为的结构维度及初始量表。通过对悖论领导行为研究的回顾与梳理，并结合当下“一带一路”倡议跨文化情境，运用问卷调查法、文献资料研究法等数据搜集方式得到跨文化冲突事例，并进行现场讨论和记录，同时对20位外派项目经理进行深度访谈。通过数据收集、整理、编码、迭代等流程进行数据处理，以及初始编码—聚焦编码—轴心编码—理论编码四级编码，形成原始量表的25个条目和4个维度。在维度确立的基础上，提出中国海外项目经理悖论领导行为的形成与作用机制模型。

再次，第5章开发了中国海外项目经理悖论领导行为的测量量表，遵循严格的量表开发步骤，编制出中国海外项目经理悖论领导行为预测量表，共包含21个题项，通过探索性因子分析EFA（N=297）的检验，搭建出包含4维度18个条目的中国海外项目经理悖论领导行为全新框架，验证性因子分析CFA（N=186）表明，跨文化悖论领导行为具有良好稳固的4维度结构，并对其进行因果校标检验（N=366），说明该量表具有良好的预测效应。最终得出基于中庸哲学理论的中国海外项目经理悖论领导行为4维度结构：风险与机遇、利润与价值、规范性与灵活性、本土化特殊性与全球化普遍性，各个维度依次呼应了中庸哲学理论中的“执两用中”“过犹不及”“经权损益”“和而不同”四方面的理论基础。

最后，第6章实证检验了中国海外项目经理悖论领导行为对团队绩效的作用机制，阐释中国海外项目经理悖论领导行为对团队绩效的链式中介影响路径。通过收集476位外派管理者的数据，使用Mplus8.3构建多水平结构方程模型（MSEM）对研究假设进行检验。基于社会信息加工理论，得出“中国海外项目经理悖论领导行为—信息深度加工—批判性思维—团队绩效”这一链式中介效应模型。通过量化研究验证中国海外项目经理悖论领导行为（PLB-CM）对团队绩效的作用机制，提出解决中国海外项目团队绩效较低的治理路径，分别是“中国海外项目经理悖论领导行为—信息深度加工—团队绩效”和“中国海外项目经理悖论领导行为—批判性思维—团队绩效”，更加全面精准地检验了中国海外项目经理悖论领导行为对团队绩效产生影响的路径。

本书通过理论推演、质性与量化相结合的研究方法，探索跨文化悖论领导行为概念内涵、结构测量及作用机制。理论贡献在于：第一，不止步于现有理论聚焦文化特有的现象层面，而是深入挖掘跨文化管理悖论，采用本土视角讨论普遍性的问题，突破了既有研究的局限。为中国外派项目经理有效承担领导角色并提升领导能力提供理论依据。第二，促进了跨文化领导力与悖论领导行为研究的融合，为跨文化悖论领导行为的未来研究提供了科学的测量工具。第三，更加全面精准地实证检验跨文化悖论领导行为对团队绩效的链式中介路径作用机制，丰富了悖论领导行为理论，开拓具有中国本土特色的国际化领导力。

本书聚焦以中国海外项目经理为群体的悖论领导行为（PLB-CM）及企业发展重要来源的团队绩效，对“一带一路”倡议持续推进具有以下实践意义：第一，为中国海外项目团队选拔、培训、派遣更优秀的外派项目经理做好功课，帮助外派项目经理在跨文化管理中有效识别悖论、培养悖论心态并发展悖论管理技能。第二，勾勒出中国海外项目经理悖论领导行为的认知地图，帮助管理者更好地掌握跨文化管理中的悖论管理技能，启发外派项目经理利用悖论视角更有效地化解跨文化团队中的矛盾，进行悖论整合增强对个体及团队的正向影响，减少或避免因文化冲突带来的负面影响。第三，探索了中国海外项目经理悖论领导行为对团队绩效提升的链式中介路径，提出解决中国海外项目团队绩效较低的治理路径，提高多文化团队的绩效水平。

目　录

第1章　绪论

1.1　研究背景

1.1.1　现实背景

在经济全球化与“一带一路”倡议推动背景下，中国对外投资项目的体量和外派项目经理的数量有了大幅增长。然而，伴随着中国企业在国际舞台上日渐活跃，跨国经营管理也不可避免面临多元化差异所带来的文化冲突，作为海外项目能否成功交付的“核心人员”，外派项目经理领导力在跨文化管理中也面临空前挑战（Javidan et al.，2006）。尤其是后疫情时代的海外建设，中国企业外派项目经理不仅要面对多元文化差异所带来的冲突问题（Huntington，2000），更要适应动态、复杂、竞争的跨文化组织环境。由此，中国海外项目团队管理者的领导能力逐步成为影响中国企业国际竞争力的重要因素之一。如何在相互竞争又相互联系的跨文化管理中有效地应对文化差异带来的矛盾和张力，就要求外派项目经理必须根据东道国的实际情况及时调整领导方式（Tung & Miller，1990；Ralston et al.，1997；House et al.，2002）。因此，当前亟须以悖论的视角来审视中国外派项目经理的跨文化领导力。但近年来，由于中国海外项目团队悖论处理不当，由此带来一系列问题，不仅影响了中国涉外企业的国际声誉并且造成了较大的经济损失。典型冲突矛盾处理不当的实例如下：

孟加拉国的桥梁项目是在东道国政府换选的那一年启动的。执政党和在野党的激烈斗争导致市民游行罢工，城市交通一片混乱。加之印度和孟加拉国边境发生流血冲突事件，使得货物滞留在海关关卡（东道国公共安全风险与海外市场投资机会之间的矛盾）。中国海外项目团队由于资金不足无法使用美金进行订单交易，致使原材料难以通关（合规防范资金外汇风险与利润收入的矛盾）。

在非洲高速公路项目中，由于当地政府制度问题，延误了国际项目前期的审批进度，从而影响了整体工期计划的执行（东道国制度环境与国际项目进度质量之间的矛盾）。由于项目实施过程中税收政策发生变化，政府大幅提高外国人个人所得税税率，导致中国海外项目利润出现重大损失（当地税收政策与国际项目利润价值之间的矛盾）。

沙特某轻轨铁路项目，由于项目前期尽职调查低估了施工难度与工程量，中国项目团队虽按时完工，但面临巨额亏损（尽职调查和国际保险的投入与国际项目成本控制之间的矛盾）。

尼泊尔某电站由于盲目投标、调研不充分、与业主沟通失败，导致罢工冲突事件，给中国项目团队带来巨大损失（海外项目团队自身能力和竞争力与国际市场机遇之间的矛盾；中方、业主以及小股东之间的利益矛盾；跨文化沟通间的矛盾）。

泰国某海洋平台制造项目，由于中国海外项目团队没有如期完成合同工程量，而被业主进行索赔（评估企业能力与国际市场机遇的矛盾；跨文化沟通的冲突）。

面临复杂严峻的国际市场环境，诸多外派项目经理因无法适应东道国文化而导致价值观迥异、认知冲突、沟通障碍等跨文化冲突，由此倍感压力致使外派失败，给海外项目造成经济损失。究其原因，主要是外派项目经理在面对跨文化矛盾时不能以悖论的视角采取“两者兼而有之”的策略。在外派项目经理选拔和培训的过程中，需要提前将国际项目各阶段的矛盾冲突进行梳理，使用动态和协同的悖论领导方法，预防和化解中国海外项目团队面临的各种跨文化风险。因此，中国海外项目经理悖论领导行为是中国海外项目团队“及时止损”的重要领导方式，开发此类群体对象的悖论领导行为的测量工具，对中国外派项目经理具有重要的实践价值。

1.1.2 理论背景

1.1.2.1 中国海外项目经理悖论领导行为（PLB-CM）概念内涵与结构维度亟须挖掘

现有研究中的关于悖论领导行为划分：人员管理中的悖论领导行为（PLB-PM）和企业长期发展中的悖论领导行为（PLB-CD）。现有两种悖论领导行为无法如实反映跨文化情境中的矛盾和悖论，学者们呼吁应拓展悖论领导行为在跨文化情境中的进一步研究（Zhang et al.，2015）。由于受传统文化的影响，中国人在应对矛盾时更易采取相互联系和整体的观点（Zhang et al.，2019）。因此，中国外派管理者在跨文化管理中更有可能表现出悖论的领导行为。从悖论视角出发，探究外派项目经理跨文化领导力的内涵与结构，俨然成为挖掘、发展具有中国本土特色跨文化领导力的一个有价值的突破口。

1.1.2.2 中国外派项目经理悖论领导行为专用测量量表尚未开发

现有关于领导力和文化的研究大多关注“发达世界”（Aycan，2004；Sinha，2003；Sinha，2004；Antonakis et al.，2004），研究对象也多聚焦于发达国家外派管理者，缺乏中国外派管理者领导行为的研究与应用（Wang，2016）。现有少量国内学者对中国外派管理者的研究分析，大多集中在跨文化适应性（杜红和王重鸣，2001；周燕华和崔新健，2012；王泽宇等，2013；王亮，2018；何蓓婷，2019）、跨文化胜任力（高嘉勇和吴丹，2007；李宜菁和唐宁玉，2010；田志龙等，2013；陈淑敏和吴秀莲，2016）及跨文化能力（徐笑君，2016；孟凡臣和刘博文，2019；陆阳漾等，2020；崔圆庭，2020）方面。仅有的几篇关于外派管理者跨文化领导力的研究，也停留在领导特质和能力方面的结构模型与维度的探讨（刘冰等，2020；何斌等，2014；张艳芳，2020；刘影，2021）。因此，学者们呼吁应当进一步开发中国外派项目经理领导力的测量工具（刘冰等，2020），更精准地评价外派项目经理的跨文化领导水平。目前仅有关于中国外派管理者跨文化领导力的研究也并没有全面考虑文化同质性（Homogeneity）和异质性（Heterogeneity）之间是既矛盾又相互联系的统一有机体。基于兼顾矛盾双方的悖论视角来破解中国外派项目经理跨文化领导力，进而开发跨文化悖论领导行为的测量量表，将为进一步研究中国外派项目经理领导效能提供有效测量工具。

通过对已有研究的梳理，本书将在“悖论领导行为研究现状”中详细阐述相关研究及理论，表明悖论视角是外派项目经理在跨文化管理中有效解决冲突矛盾的一种领导方式，但尚未有研究系统地开发针对中国管理者跨文化领导力的测量量表。中国海外项目经理悖论领导行为研究还是未知的领域。

1.1.3 团队绩效是中国海外项目团队在国际市场发展的基石

团队绩效（Team Performance）是指团队是否达到预期目标的实际结果（Hackman，1987；Sundstrom，1990）。中资企业在“走出去”过程中主要以项目团队为组织形式，建立团队的目的是适应外部国际市场环境的要求以提升组织内部的团队绩效。中国海外项目的团队绩效将“团队管理”与“绩效管理”相互融合。因此，中国海外项目团队的管理者如何将跨文化团队绩效富有成效地落到实处，是每位外派项目经理必须深入思考和不断探究的核心问题。团队绩效的高效产出是中国海外项目团队不断蓬勃发展的来源，并能促进中国对外投资企业获得较为长远的发展。

1.2 研究现状与研究目的

1.2.1 悖论领导行为研究现状

随着环境更加复杂多变，领导者将不可避免地面临更多看似矛盾却又相互关联的需求和由此产生的紧张关系（Lewis，2000），以及如何有效应对悖论带来的管理挑战，这是组织生存和发展需要解决的核心问题（Lewis，2011）。

为了更好地应对悖论的挑战，领导者需要扮演具有多重矛盾的角色（Denison et al.，1995）。为此，Zhang 等（2015）将悖论视角与领导力研究相结合，在中国传统哲学理论的基础上，探索了悖论领导行为（PLB）的概念。依据现有研究，Zhang 等（2015; 2019）将“悖论领导行为”（PLB）概念分为两种，即人员管理中的悖论领导行为（Paradoxical Leader Behaviors in People Management：PLB-PM）和企业长期发展中的悖论领导行为（Paradoxical Leader Behaviors in Long-term Corporate Development：PLB-CD）。

1.2.1.1 悖论领导行为的界定

人员管理中的悖论领导行为（PLB-PM）对于领导者来说，此时的悖论是需要满足组织结构需要和下属个体需要的竞争关系，PLB-PM 被定义为领导者所采用的看似竞争但相互关联的行为，同时或随着时间的推移满足组织结构和员工个性化的需要（Zhang et al.，2015）。

企业长期发展中的悖论领导行为（PLB-CD）对于高层管理者来说，悖论在于满足企业长期发展的竞争需要，PLB-CD 被定义为领导者为满足企业发展的竞争需要而同时或随着时间的推移所采取的看似竞争但又相互关联的行为（Zhang & Han，2019）。

1.2.1.2 悖论领导行为的维度与测量

人员管理中的悖论领导行为（PLB-PM）是一个包含 22 个题项的测量量表，总括出悖论领导行为的 5 个维度：①将自我和他人关注相结合（Combining Self-centeredness with Other-centeredness，即 SO）；②对下属保持亲密和距离配合（Maintaining Both Distance and Closeness，即 DC）；③对下属既能公平又具有个性化（Treating Subordinates Uniformly，While Allowing Individualization，即 UI）；④严格执行的工作需要灵活性（Enforcing Work Requirements，While Allowing Flexibility，即 RF）；⑤保持决策控制并允许自主（Maintaining Decision Control，While Allowing Autonomy，即 CA）。这 5 个维度解决了领导者在人事管理中的不同悖论问题。

企业长期发展中的悖论领导行为（PLB-CD）是一个包含20个题项的测量量表。其总括了4个维度：①保持短期效益和长期发展（Maintaining Both Short-term Efficiency and Long-term Development，即SL）；②保持企业稳定性和灵活性（Maintaining Both Organizational Stability and Flexibility，即SF）；③注重股东和利益相关者（Focusing on Both Shareholders and Stakeholder Communities，即SS）；④顺应并塑造组织中的集体力量（Conforming to and Shaping Collective Forces in the Environment，即CS）（表1-1）。

已有悖论领导行为研究 表1-1

悖论领导研究领域		对象	面对悖论	定义内涵	结构
人员管理中的悖论领导行为	Paradoxical Leader Behaviors in People Management：PLB-PM	基层领导者	满足组织结构和员工个体两种竞争性需求	领导者采用了看似竞争但又相互关联的行为，这些行为同时或随着时间的推移满足了组织结构和员工个性化的需要	5维度 22题项
企业长期发展中的悖论领导行为	Paradoxical Leader Behaviors in Long-term Corporate Development：PLB-CD	高层管理者	满足企业发展中的竞争性需求	领导者用看似竞争但又相互关联的行为，同时或随着时间的推移，满足企业发展中相互竞争的需求	4维度 20题项

在日趋复杂变化的国内外市场中，组织无法避免地面临着无数矛盾冲突（谭乐等，2020），矛盾与悖论已是当前不确定性格局下的“新常态”（Putnam et al.，2016）。近年来，悖论视角成为领导者应对矛盾情境的一种新选择，领导者接受并整合了矛盾的力量，将矛盾双方协同，最终实现彼此强化的作用（Waldman & Bowen，2016），即外派管理者需要在跨文化情境中领导不同国家的下属灵活多变地应对快速变化的项目环境，时刻面对跨文化管理中固有的悖论。悖论领导行为是Zhang等（2015）在归纳和分析前人有关组织中张力问题研究的基础上，吸收和借鉴中国传统文化而提出的一种新型领导理论（姜平等，2019），并呼吁应拓展悖论领导行为在跨文化情境中的进一步研究（Zhang et al.，2015）。受传统文化的影响，中国人在应对矛盾时更易采取相互联系和整体的观点（Zhang et al.，2019）。因而，中国外派管理者在跨文化管理中更有可能表现出悖论的领导行为。从悖论视角出发，探究外派项目经理跨文化领导力的内涵与结构，俨然成为挖掘、发展具有中国传统特色跨文化领导力的一个有价值的突破口。

1.2.2 研究目的

基于跨文化情境中，外派项目经理因对风险、矛盾、悖论处理不当而使得中国海外项目团队付出的惨痛代价，而外派管理者对跨文化矛盾预判失败后的“惨状”又束手无策的现实问题，本书发现中国海外项目经理悖论领导行为问题迫切需要深度解读，中国海外项目经理悖论领导行为研究还是一个等待打开的“黑箱”。因此，以下问题值得进一步讨论：

（1）中国对外投资的组织形式主要是项目团队，因此，选取中国海外项目团队中的领导者——外派项目经理为研究对象具有代表性和普适性。

（2）国外现有关于跨文化领导力的研究大多关注“发达世界”（Aycan，2004；Sinha，2003；Sinha，2004；Antonakis et al.，2004），研究对象也多聚焦于欧美发达国家外派管理者，缺乏对中国外派管理者领导行为的研究与应用（Wang，2016）。国内已有跨文化领导力的研究中只有质性研究梳理的理论框架，尚未形成具体的领导行为测量工具。

（3）悖论视角是解决跨文化冲突和矛盾的最佳选择，但现有的悖论领导行为集中在普通人员管理和高层管理两个领域，跨文化管理领域中面对的矛盾和悖论与现有研究截然不同，学者们一直以来也在呼吁对跨文化管理中的悖论领导行为进行研究（Zhang et al.，2015）。基于以上研究现状，亟须全面探索中国海外项目经理悖论领导行为概念内涵、结构维度。

1.3 研究内容与框架

基于上述分析，为应对跨文化管理中的矛盾与悖论的问题与挑战，本书拟提出中国海外项目经理悖论领导行为的指导方法，具体的研究思路如下：首先，实地调研中国海外项目团队所面临的跨文化冲突，利用问卷收集、半结构性访谈、文献资料收集跨文化冲突，并提出有效化解这些冲突和矛盾的领导力——中国海外项目经理悖论领导行为；其次，依据建构型扎根理论研究方法，在与以往研究文献对话的基础上，结合半结构性访谈获取的一手数据，探索、分析中国海外项目经理悖论领导行为的特征与维度，进而形成中国海外项目经理悖论领导行为的初始测量量表；再次，采用 SPSS22.0 统计软件对初始量表的信度、效度进行检验，形成科学的测量工具，随后对中国海外项目经理悖论领导行为测量量表进行因果校标检验，探索其预测效度；最后，探索中国海外项目经理悖论领导行为对团队绩效的作用机制，阐释中国海外项目经理悖论领导行为对团队绩效的影响路径。

（1）中国海外项目经理悖论领导行为概念的提出

通过“一带一路”项目的实地调研，梳理出中国海外项目团队常见的跨文化冲突与矛盾。首先，通过论坛和公众号搜索“国际工程项目风险”“文化冲突”“跨文化悖论”等关键词的文章、新闻、文献以及专著资料，对跨文化冲突事例进行现场讨论并记录，对二手数据进行现场或远程采访以验证。其次，作为外派管理者，将会采取哪些行为去有效化解这些冲突和矛盾，以及所采用领导行为的原则和动机，且对所采取的领导行为进行归类整理。最后，在悖论领导行为的研究基础上界定中国海外项目经理悖论领导行为的概念内涵。

（2）中国海外项目经理悖论领导行为结构维度及理论框架——基于中庸哲学视角的扎根分析

通过对外派项目经理的观察和访谈、新闻以及论坛相关话题的搜索收集数据，在与以往研究文献的对话中，探索、分析中国海外项目经理悖论领导行为的特征与具体表现，在中庸哲学理论基础上，结合“一带一路”倡议背景下的跨文化情境，探索中国海外项目经理悖论领导行为结构维度及原则特征，依据建构扎根理论，编制出4维度25个条目作为原始量表。引入组织行为学经典理论IPO模型，提出中国海外项目经理悖论领导行为的形成与影响机制模型理论框架。

（3）中国海外项目经理悖论领导行为的量表开发

为了有效避免扎根理论分析开发的原始量表产生研究者主观偏差，本部分遵循严格的量表开发步骤，经过专家筛选出中国海外项目经理悖论领导行为预测量表，共包含21个题项，在探索性因子分析的基础上构建了由4维度18个条目构成的中国海外项目经理悖论领导行为指标体系，随后通过验证性因子分析EFA证实所探究二阶四因子维度模型是中国海外项目经理悖论领导行为的最优维度构思，并进一步采用组合信度与平均方差萃取值方法验证各维度具有良好的组合信度与收敛效度，并对中国海外项目经理悖论领导行为量表进行因果校标检验，说明该量表具有良好的预测效应。

（4）中国海外项目经理悖论领导行为对团队绩效的链式中介作用

中国海外项目经理悖论领导行为对团队绩效的作用机制是对全书所提测量量表及核心内容的整合，实现中国海外项目团队提供有效的领导方式并达到增效收益的目标。为此，该部分收集476位中国外派管理者的数据，使用Mplus8.3构建多水平结构方程模型（MSEM），基于社会信息加工理论，通过量化研究方法解构中国海外项目经理悖论领导行为（PLB-CM）对团队绩效的作用机制，提出解决中国海外项目团队绩效较低的治理路径，分别是“中国海外项目经理悖论领导行为→信息深度加工→团队绩效”和“中国海外项目经理悖论领导行为→员工工作投入→团队绩效”。更加全面精准地检验了中国海外项目经理悖论领导行为所产生的影响效应。丰富了悖论领导行为影响机制的研究，以期促进中国对外投资企业在海外市场获得团队绩效增长及较为长远的发展。各部分研究内容间的关系如图1-1所示。

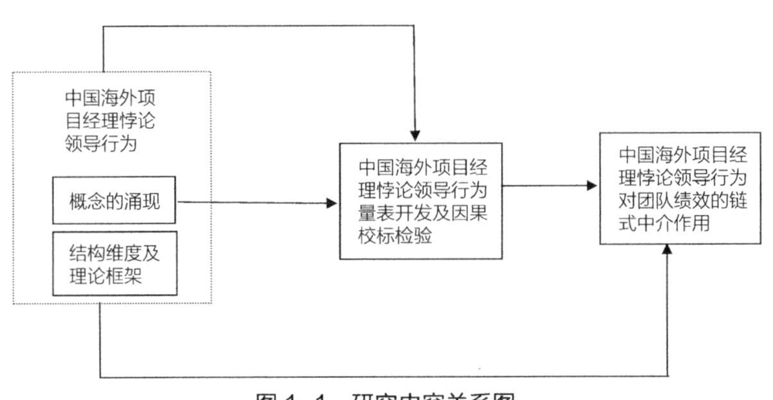

图1-1 研究内容关系图

1.4 研究方法与研究思路

1.4.1 研究方法

本书利用管理学、心理学、社会学等学科领域的理论及技术方法来解决跨文化管理中的实际问题，涉及多领域多主体多过程，为探索中国外派项目经理领导力问题的本质，寻求合理的跨文化冲突解决方案。本书以质化和量化相结合的方式探讨跨文化悖论领导行为的问题，具体包括文献资料研究法、实地调研考察法、扎根理论研究法、问卷调查法、数据统计分析法。

（1）文献资料研究法

为系统、科学地理解和掌握所要研究的问题，本书采用文献研究的方法，在全面搜集、整理有关文献资料的基础上，通过对悖论领导行为以及跨文化领导力相关文献的阅读和梳理，了解研究现状及理论框架，发现悖论领导行为在跨文化情境下的研究价值。其次，通过对中庸哲学理论经典文献的阅读，在中国传统文化经典理论指引下，概括出中国海外项目经理悖论领导行为的特征与内涵，推导出相关假设，为整体研究奠定有力的理论基础。

（2）实地调研考察法

为获取最真实的研究背景与情境体验，本书拟采用实地考察法，深入“一带一路”沿线项目地，直接观察研究对象，对所产生的跨文化冲突进行采集记录，并通过问卷和访谈的方式深入挖掘解决跨文化冲突的领导行为，为后续进行质性研究奠定基础。

（3）扎根理论研究法

在文献资料分析的基础上，本书使用适宜建构理论的方法论——扎根理论研究方法，采用经验取样法，通过半结构访谈、深度访谈、观察以及文献资料收集等方式，在多时间点收集中国海外项目团队中的管理者面对跨文化冲突所表现出来的有效悖论领导行为，从中发现中国海外项目经理悖论领导行为的特征以及其形成和影响因素。通过对收集数据的整理和四级编码分析，形成中国海外项目经理悖论领导行为的初始量表，并在质性研究中分析、归纳、迭代出中国海外项目经理悖论领导行为的形成因素及其作用因素，勾勒出中国海外项目经理悖论领导行为的认知地图。

（4）问卷调查法

问卷调查法主要检验质性研究产生的中国海外项目经理悖论领导行为初始量表的信效度，以及验证中国海外项目经理悖论领导行为对团队绩效的链式中介效应的假设。在检验初始测量量表过程中，首先需要小规模地收集数据，验证初始量表的可信度，以探索、修订形成正式量表。随后，通过正式量表的大规模数据收集，来验证量表的信效度。在中国海外项目经理悖论领导行为对团队绩效的链式中介作用中，除了自变量中国海外项目经理悖论领导行为是本书所独创开发的，其他变量均采用成熟量表。调查问卷的收集方式分为纸质版本问卷与线上电子问卷两种，最终将对有效样本数据展开探索性分析和假设验证。

（5）数据统计分析法

本书将采用统计分析软件 SPSS 22.0 和 Mplus 8.3 对所收集到的有效数据进行分析，具体对有效样本采取的数据分析步骤涵盖：描述性统计分析、随机变量相关分析、探索性因子分析（EFA）、验证性因子分析（CFA）、因子模型测量分析和结构方程模型分析，助于检验数据品质，所开发测量量表的维度结构和测量条目的信度、效度以及验证相关研究假设。

1.4.2 研究思路图

在上述研究方法的指导下，本书明确了研究的整体框架和研究思路（图 1-2），主要步骤如下：

（1）基于实践问题和理论背景，确定了本书的研究问题，并详细阐释了本研究的概念内涵。

（2）在大量文献分析的基础上，进行基于扎根理论的中国海外项目经理悖论领导行为的量表开发。通过对悖论领导行为研究的回顾与梳理，在其理论基础上结合“一带一路”倡议背景下的跨文化情境，探索中国海外项目经理悖论领导行为结构维度及其特征，编制出对应 4 个维度的 25 个条目作为原始量表。在维度确立的基础上，提出中国海外项目经理悖论领导行为的形成与作用机制模型。

（3）为了有效避免扎根理论分析开发的原始量表产生研究者主观偏差，本部分进行了量表开发、维度验证、因果检验。遵循严格的量表开发步骤，编制出中国海外项目经理悖论领导行为预测量表，共包含 21 个题项，在探索性因子分析 EFA（N=297）的基础上构建了由 4 维度 18 个条目构成的中国海外项目经理悖论领导行为指标体系，之后通过验证性因子分析 CFA（N=186）证实中国海外项目经理悖论领导行为二阶四因子维度构思最优，并进一步采用组合信度与平均方差萃取值方法检验该构思具有良好的聚合效度与区分效度，并对其进行因果校标检验（N=366），以开发出严谨、科学的领导力测量工具。

（4）在量表开发的基础上，进行定量分析（N=476）。通过问卷收集、数据测量、结果验证，讨论和验证中国海外项目经理悖论领导行为对团队绩效的作用机制，进一步解释中国海外项目经理悖论领导行为与团队绩效的链式中介机制。从社会信息加工理论的视角，探讨信息深度加工和批判性思维在中国海外项目经理悖论领导行为和团队绩效之间起的桥梁作用，从而产生“中国海外项目经理悖论领导行为—信息深度加工—批判性思维—团队绩效”理论模型。

（5）本书的理论基础分别通过中庸哲学理论、IPO 经典理论模型、社会信息加工理论的支撑开展各部分研究内容。中庸哲学理论为本书的核心内容中国海外项目经理悖论领导行为的结构维度及其特征原则提供了理论支持；IPO 经典理论模型为中国海外项目经理悖论领导行为的形成与影响机制提供了整体的理论框架；社会信息加工理论完整演绎了信息深度加工与批判性思维在中国海外项目经理悖论领导行为与团队绩效之间的链式中介作用，是本书讨论中国海外项目经理悖论领导行为影响结果的具体指导。

（6）研究结论。基于现有研究成果和理论研究基础，通过对本研究的主要结论与分析开展系统总结归纳，将本研究的创新之处、理论贡献、实践价值进行细致梳理，同时，指出本研究的局限性和对未来研究的期望。

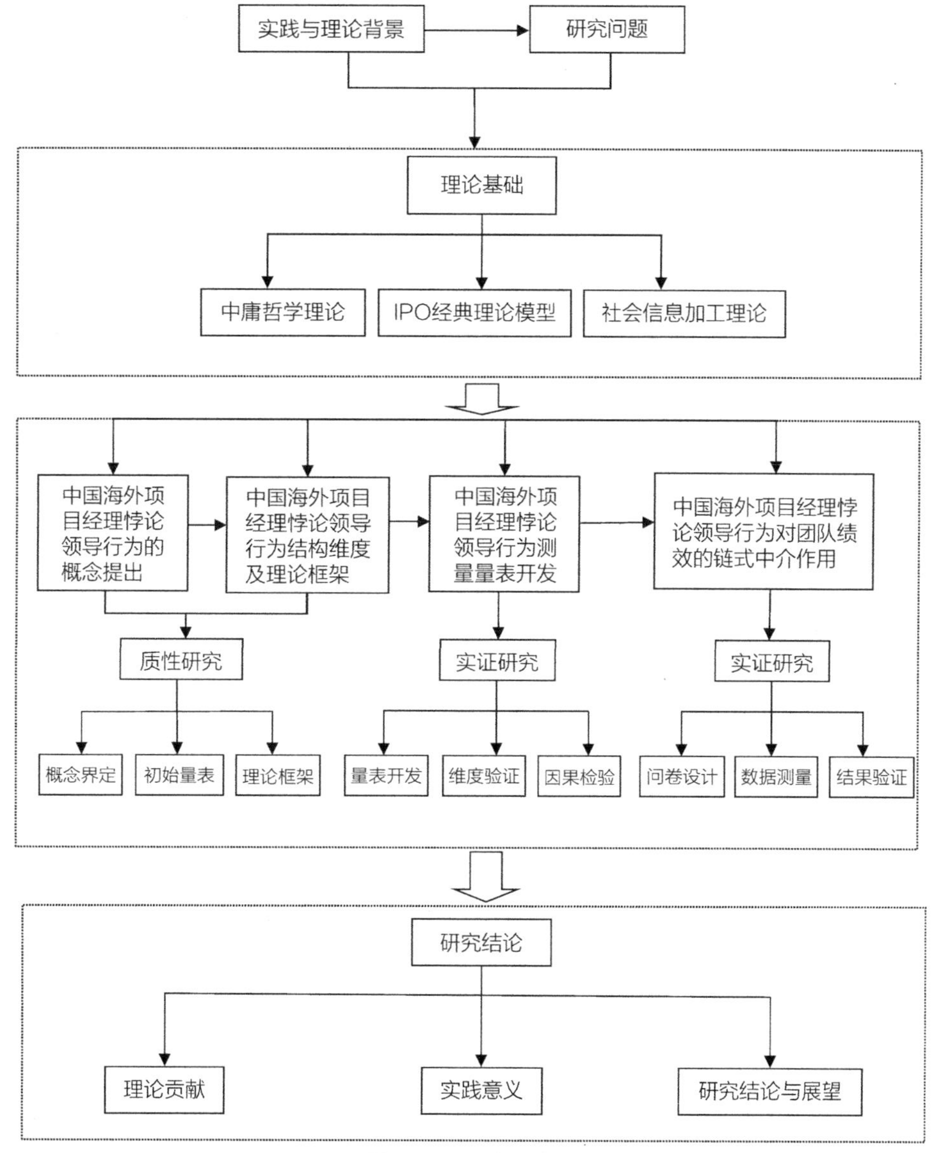

图 1-2 研究思路图

1.5 研究意义

1.5.1 实践意义

本书聚焦中国海外项目经理悖论领导行为（PLB-CM）及企业发展重要来源的团队绩效，通过理论推演、质性与量化相结合的研究方法，探索中国海外项目经理悖论领导行为概念内涵、结构测量及作用机制，对“一带一路”倡议持续推进具有以下指导意义：

第一，提出中国海外项目经理悖论领导行为的概念内涵，为中国海外项目团队选拔、培训、派遣更优秀的外派项目经理做好功课，帮助外派项目经理在跨文化管理中有效识别悖论、培养悖论心态并发展悖论管理技能。

第二，验证了中国海外项目经理悖论领导行为测量量表的有效性，勾勒出中国海外项目经理悖论领导行为的认知地图，帮助管理者和企业更好地掌握跨文化管理中的悖论管理技能，利用悖论视角，外派项目经理更好地化解跨文化团队中的矛盾，进行悖论整合，增强对个体及团队的正向影响，有针对性地避免因文化冲突带来的负面影响。

第三，揭示了中国海外项目经理悖论领导行为提升海外项目团队绩效的治理路径，提出解决中国海外项目团队绩效较低的治理路径。帮助外派项目经理更好地化解跨文化团队中的矛盾，进行悖论整合，进而有效提高多文化团队的绩效。

1.5.2 理论意义

本书基于扎根理论研究方法挖掘了中国海外项目经理悖论领导行为（PLB-CM）的概念内涵和结构维度；开发了中国海外项目经理悖论领导行为测量量表，并进行了因果检验；实证检验了中国海外项目经理悖论领导行为对团队绩效影响的双桥梁中介路径。本书的理论意义在于：

第一，界定了中国海外项目经理悖论领导行为的概念内涵、构思维度及理论框架，响应了前人拓展悖论领导行为在跨文化管理中的研究呼吁（Zhang et al., 2015）。不止步于现有理论聚焦文化特有的现象层面，而是深入挖掘跨文化管理悖论，采用本土视角讨论普遍性的问题，突破了既有研究的局限。为中国外派项目经理有效承担领导角色并提升领导能力提供理论依据。

第二，开发了中国海外项目经理悖论领导行为的测量量表，验证其信效度并进行因果检验。促进了跨文化领导力与悖论领导行为研究的交叉融合，并且为跨文化领导力在发展中国家的研究奠定了基础。经实证检验后的测量量表很好地弥合了以往关于悖论领导行为的不足，促进了中国海外项目经理悖论领导行为向实证分析工具的转变。为推进后续中国海外项目经理悖论领导行为的实证研究提供了重要的测量工具。

第三，更加全面精准地实证了中国海外项目经理悖论领导行为对团队绩效的链式中介路径作用机制，拓宽了悖论领导行为的研究领域，发掘中国企业国际化进程中的特有领导力理论。

1.6 研究创新点

本书以中国传统中庸哲学理论、IPO经典理论模型以及社会信息加工理论为支撑，采用文献资料分析研究法、实地调研考察法、质性扎根理论研究法、问卷调查法以及数据统计分析法等研究方法，就当前悖论领导行为缺乏在跨文化背景中的应用、发展中国家跨文化研究匮乏、中国海外项目团队由于缺乏有效国际领导力而导致团队绩效低下甚至项目失败等问题进行了研究。发现中国海外项目经理悖论领导行为是有效解决上述问题的一种领导方式，并对其开展科学、系统的测量量表开发以及量化分析检验，获得了以下创新点：

第一，理论视角的创新。本书以中国传统中庸哲学理论为支撑进行中国海外项目经理悖论领导行为的概念内涵及维度结构的开发，并以组织行为学IPO经典理论模型为基础形成了中国海外项目经理悖论领导行为的形成与影响机制理论框架。实证了中国海外项目经理悖论领导行为的形成与作用机制模型，建构了中国海外项目经理悖论领导行为理论。拓展了悖论领导行为在跨文化情境中的“理论版图”，丰富了本土领导力理论。

第二，测量工具的创新。本书界定了中国海外项目经理领导行为的概念内涵、结构维度，开发了中国海外项目经理悖论领导行为的测量量表，并验证其信度、效度以及因果预测效应。为后续推进中国海外项目经理悖论领导行为的实证研究提供了测量工具。一方面，现有跨文化领导力的研究多聚焦于欧美发达国家外派人员的研究（Wang，2016），难以保证研究结果在中国企业国际化发展中的适用性与有效性。另一方面，国内鲜有学者以中国外派管理者为研究对象在跨文化领导力领域进行探究，少量研究也仅聚焦跨文化领导力结构维度的质性探索阶段（刘冰等，2020）。经实证检验后的测量量表促进了中国海外项目经理悖论领导行为向实证分析工具的转变，为进一步研究跨文化管理中悖论领导行为作用机制提供有效检验工具。

第三，研究内容的创新。本书通过实证发现（N=366）：批判性思维、中庸价值取向、文化智力作为前因变量、校标变量对跨文化悖论领导行为均具有正向预测效应。同时，作为结果变量的任务绩效和适应性绩效也产生积极影响效应。全面验证了中国海外项目经理悖论领导行为前因和结果的多重影响机制。探索了中国海外项目经理悖论领导行为对团队绩效提升的链式中介效用研究，提出解决中国海外项目团队绩效较低的治理路径。为外派管理者更好地化解跨文化团队中的悖论，有效提高跨文化团队的绩效水平提供有益参考。

第四，悖论视角的创新。本书梳理出跨文化管理中的悖论条目，并以双向对偶条目的形式展现“两者兼顾”的悖论领导行为特征，开拓具有中国本土特色的国际化领导力。研究内容紧贴当前形势热点，致力解决实践难题，为更多走入国际工程承包市场的中国企业选拔、培训、派遣更优秀的国际工程项目经理，并在跨文化管理中识别悖论、培养悖论心态并发展悖论管理技能提供了全新视角。

第 2 章　文献综述

2.1　悖论的概念及相关概念辨析

在组织情境中，“悖论”（Paradox）是指“相互联系与依存要素之间存在的持续性矛盾”（Schad et al.，2016），是一种冲突且互补的张力表现形式。“悖论”意味着相互矛盾但又相互关联的元素，它们将相反的观点结合在一起，并随时间的推移而进行整合（Smith & Lewis，2011）。悖论存在彼此相互关联却又相互矛盾的元素，随时间的推移，这些元素保持持续稳定存续的状态（谭乐等，2020）。当这些元素一起出现时，它们是不合理的，充满矛盾的，甚至是荒谬的；然而，在孤立地存在时，似乎又是符合逻辑的，合乎情理的。悖论的本质认为，万物皆有正反两面，两方面存在既相互依存又相互竞争的紧张关系，达到对立而统一的存续状态（即：相互依存、相互竞争又持久共生）。

现有发现里，悖论常常同两难问题和辩证矛盾相混淆，为避免因概念混淆而产生的歧义性谬误导致研究结果出现不可逆的错误性结论。在此，本研究将部分相似概念进行辨析（表 2-1）。“两难问题”代表两者之间有明显的优势和劣势之分（McGrath，1981）。解决两难涉及权衡利弊（Ehnert，2009），必须进行“二者选其一”的管理策略。悖论和“两难问题”之间的差异：悖论中是冲突矛盾双方同时存在；而“两难问题”中，冲突矛盾是互相竞争排斥的。不同的是，“辩证矛盾”关注企业各要素彼此之间的作用（Putnam et al.，2016），只有这样，企业才能在复杂动荡环境中得以持续生存和发展。辩证矛盾强调正题和反题，解决辩证矛盾的管理策略是将正题 A 与反题 B 整合起来，生成第三项 C。然而，到了组织发展的下一时期，C 将变成新的正题，由此产生反题 D，将正题 C 和反题 D 整合起来，辩证地解决矛盾，不断重复。悖论与辩证矛盾的差异：对悖论而言，两极之间的冲突一直存在。对辩证矛盾而言，在新的 C 和 D 整合出现以后，原本的冲突矛盾要素（正题和反题）就消弭了。

悖论与两难问题及辩证矛盾的区分　　表 2-1

概念	内涵	管理策略	图示
悖论	两个或两个以上同时存续的对立力量间的张力	“两者兼而有之”策略，相互对立的要素和谐共存	
两难问题	同时存在的两个“角”的张力困境	“两者选其一”策略，两难不容忽视，尽快做出选择	
辩证矛盾	竞争的两点同时存在，正题与反题彼此的矛盾张力	通过整合两点之间的矛盾	

注：改编自文献，朱颖俊，张渭，廖建桥，等．鱼与熊掌可以兼得：悖论式领导的概念、测量与影响机制 [J]. 中国人力资源开发，2019，36（8）：31-46.

2.1.1　悖论管理理论的中西方哲学基础

哲学思想在界定悖论概念、区分悖论类型、悖论管理策略等方面发挥重要作用（Lewis，2000；Smith & Berg，1987）。东西方哲学思想关于悖论的观点有相通之处，也各具独特特征，将这些哲学思想运用到管理领域的悖论当中，会产生新颖的洞见。

西方哲学的根基可追溯到古希腊，将悖论作为冲突，但也相互依存。然而，这一传统哲学，强调了矛盾，用对立掩饰了统一原则和内在规律。古代的哲学家重视修辞矛盾，麦加拉学派所提出的“说谎者悖论”成为西方悖论思想的源头（Poole & Van，1989）。亚里士多德的形式逻辑强调了在矛盾中寻求真理（亚里士多德，2003）。柏拉图进一步发展了这一传统，为现代科学探究提供了核心原则。

中国本土学派的悖论理念突显“整体统一”，而西方以逻辑为基础的悖论思想更多地关注同时共存。具体而言，悖论管理思想根植于中国本土哲学与西方哲学（Smith & Lewis，2011；Lewis & Smith，2014），但已有研究尚未比较中西方悖论管理的异同，而探索中西方不同情境差异（如哲学差异）下的管理理论尤为重要，以下列举了悖论管理理论的中西方哲学基础（表 2-2）。

悖论管理理论的中西方哲学基础　　表 2-2

思想起源	哲学流派	悖论观点	逻辑视角
西方悖论起源	修辞哲学	语境中的悖论源于人类自身及周围世界关系认识的局限性	反思形式逻辑的局限
	政治哲学	悖论源于社会系统中存在的大量冲突与紧张关系	

续表

思想起源	哲学流派	悖论观点	逻辑视角
中国本土悖论起源	东方哲学	道家思想主要集中在相反元素的整体观与动态观	吸收辩证的思想
		儒家和佛家思想主要为社会领域中相反元素的中间路径（Middle Way）	

资料来源：基于相关文献整理。

2.1.2 组织管理中的悖论

西方管理学领域中最早界定的悖论是由 Thompson（1967）所提议的变革与稳定之间的悖论，变革与稳定之间的张力在于二者之间相互联系，在某种程度却相互冲突的两种同步状态。在当下组织管理中，企业面临长远发展与当下机会（Hitt et al.，2011）、竞争与合作（Stadtler & Wassenhove，2016）、前瞻性与回溯性（Gavetti & Levinthal，2000）、探索与利用（Tushman et al.，2015）、经济环境与社会绩效（Walsh，2003）、个人与集体（Conlon，1991）、集权与分权（Siggelkow & Levinthal，2003）、效率和柔性（Adler & Levine，1999）等纵横交错的悖论性张力。构成悖论的要素众多，要素并不是孤立存在的，它们之间彼此联系。领导者关注悖论产生的张力，可利用整合—分离的兼顾策略把握张力间的力度。当遇到辩证张力时，使用的管理战略注重于整合（Integration）；不同的是，两难的张力，两种相互排斥的优势和劣势，在经营战略上侧重于差异化的手段（Differentiation），同时采取整合与分化的悖论管理策略是有效管理悖论的必要条件（庞大龙等，2017）。

悖论的方法是寻求同时满足两者相互竞争的需求，而非只专注一方，或开发一种混合的解决方式，是协调组织管理中的一种“两者兼顾”的管理方法。这种对立统一并非完全一方妥协退让,而在本质上是一种两者“兼而有之”的矛盾处理新方法。面对更加动态、复杂、竞争的国内外组织环境，企业领导者会面临更加紧张的矛盾两难选择，由此产生的动态、紧张局势不可避免。鉴于悖论性张力具有相互关联与矛盾共存且密切联系的特质，就悖论管理有效性的策略而言，企业管理者需要同时采取分化与整合的灵活方式（庞大龙等，2017）。同时，根据悖论结构的非对称平衡，引导悖论管理进入有益循环的过程，最终达到适度的张力平衡，并持续提升组织绩效的非线性过程。

2.1.3 领导与悖论管理

悖论管理需要牵引悖论性张力进入有益循环的发展过程，现有研究表明，领导者从个人认知、角色扮演、管理行为等方面对悖论管理进入有益循环的发展过程具有积极的推动作用（Lewis & Smith，2014；Dameron & Torset，2014；Smith & Tushman，2010）。同时，组织悖论的动态协同发展过程依赖于管理者对职权的运用。因此，管理者的悖论管理能力对组织发展具有重要意义。

悖论视角是管理者面对矛盾情境的新选择，组织的维持和发展需要不断满足多重对立要求（Smith & Lewis，2011），管理者要接受并整合矛盾之间的张力，实现矛盾各方的相互强化，达到矛盾行为的协同效应（Waldman & Bowen，2016）。相关学者 Zhang 等（2015）以中国哲学为基础，发掘出悖论领导行为概念并编制相关的测量工具，推动了学界对这一新型领导风格的积极探讨，以应对组织矛盾和下属多样化需求的过程，特别是在长期持有辩证思维观念的东方文化背景下，挖掘悖论领导行为的本土化特征对指导组织管理实践具有特殊意义。

基于组织悖论具有自我指涉性和循环增固性的基本属性（熊明，2014），管理者可以同时使用整合与分化两个悖论管理策略，运用高效协同悖论的自我指涉性和循环增固性的基本属性，使悖论管理达到有益循环的延续状态。个体认知和组织情境特征是悖论领导行为发挥作用的基础，突破“二选一”的固有思维，转而采取“二者兼顾”的组合策略，组织中的悖论现象将会被有效协同兼顾。在企业长期发展进程中，面临的发展悖论包括：保持短期效率和长期发展；保持组织稳定性和灵活性；关注股东和利益相关主体；遵守和塑造环境中的集体力量等（Zhang & Han，2019）。领导者需采取看似竞争但同时或随着时间相互关联的行动，以满足业务发展的竞争需求进行有效管理。

2.2 悖论领导行为与相关领导行为的区别

随着组织面临日益复杂和动态的环境，领导者将要应对更多张力之间相互联系的竞争性需求（Lewis，2000），管理者如何有效应对悖论，是组织发展的重要课题（Smith & Lewis，2011）。为了更好地迎接悖论所带来的挑战，管理者将扮演各种矛盾角色（Denison et al.，1995），即悖论行为（Lewis et al.，2014；Zhang et al.，2015；Waldman & Bowen，2016）。此后，Zhang 等（2015）把悖论视角和领导研究相结合，再结合中国哲学理论引出“悖论领导行为（PLB）”概念，即管理者采取看似竞争但又彼此联系的行为，目的在于同时满足工作中的竞争需求。因此，悖论领导行为的提出，提升了领导力本土化研究和组织管理实践能力。为明确悖论领导行为的特质，进行如下区分。

2.2.1 悖论领导行为与权变领导行为的区别

悖论领导行为与权变领导行为从概念内涵、思维逻辑、认识论等诸多方面迥异（表 2-3）。第一，概念内涵可见，权变领导行为注重环境与领导方式的匹配，强调矛盾的协调。权变领导行为理论倡导情境的重要性，注重领导行为与具体情境的匹配性。悖论领导行为源于中国哲学理论强调张力间相互联系的依存关系与整合起来的共生的可能（Zhang et al.，2015）。第二，以思维逻辑和认识论的视角，权变领导行为以“两者选其一”的方式权衡利弊（“甲”或“乙”）；悖论领导行为采用“两者兼顾”进行平衡定夺（“甲”且“乙”），凸显接纳、协同悖论两极的重要性，以整合的形式把握内在张力间的关系（Waldman & Bowen，2016）。第三，从方法论和管理策略上看，管理者从权变视角对时间和空间进行量化（Smith & Lewis，2011），将时间和空间进行分离，而后选择其中一端（“甲”或“乙”）；悖论领导行为强调诸多矛盾之间的依存性（Lewis，2000），矛盾双方可能在短期分化，长远看将发挥整合协作的发展趋势。

悖论领导行为与权变领导行为的区别　　表 2-3

对比视角	权变领导行为	悖论领导行为
概念内涵	领导方式跟随情境而变化（Fiedler，1978）	领导采用看似竞争却相互关联的行为，旨在同时满足工作中的竞争性需要（Zhang et al.，2015）
思维逻辑视角	“两者选其一”逻辑	“两者兼顾”逻辑
认识论视角	与内外部环境保持一致	矛盾是内在的，对矛盾加以利用来取得成功
方法论视角	有限变量，时空线性	系统性，全局性，时空非线性
管理策略	分化	整合与分化

资料来源：改编自谭乐，蒿坡，杨晓，等．悖论式领导：研究述评与展望 [J]. 外国经济与管理，2020，42（4）：63-79.

2.2.2 悖论领导行为与双元领导行为的区别

悖论领导行为与双元领导行为作为复杂多变环境下的两种新型领导行为，均需协同整合矛盾的两端，追求两者兼顾的目标。然而，两者之间亦有明显区别（表 2-4）。

首先，理论基础差异（彭伟和李慧，2018）。双元领导行为源于双元理论，汲取了权变理论行为的灵活适应性，管理者需灵活地平衡两种领导风格，根据情景适当转换（Rosing et al.，2011；管建世等，2016）；悖论领导行为基于中国哲学理论并融合悖论管理理论，从宏观视角协同矛盾之间的竞争性，既强调矛盾之间的关联包容又重视其冲突与对抗（Zhang et al.,2015）。二者相比,悖论领导行为更突显共生理念。其次，二者虽然均注重事物两极的重要性，但双元领导行为对两极的定义并非一定对立（Putnam et al.，2016）。另外，可从三种不同视角切入，权力视角下分为授权型领导和命令型领导的组合（王圣慧等，2019）；认知视角下分为开放型领导和封闭型领导的组合（金辉和许虎，2023）；惯例规范视角划分为变革型领导和交易型领导的组合（欧阳晨慧等，2022；丁琳等，2023）。再次，作用机制不同。双元领导行为追寻两极间的均衡与平稳，而悖论领导行为通过优化效应整合—协同竞争性的紧张关系（Waldman & Bowen，2016）。最后，双元领导行为重视两极间相辅相成的助力关系，如同左手和右手灵巧地配合协作（罗瑾琏等，2016）；而悖论领导行为可能产生正反两方面的“双刃剑”效应。

悖论领导行为和双元领导行为区别　　表 2-4

对比视角	双元领导行为	悖论领导行为
理论基础	组织双元理论和权变理论	中国哲学理论及悖论管理理论
两极内涵	两极之间不一定相互排斥	两极之间相互矛盾且相互关联
作用机制	均衡或平稳	优化和协同
作用效果	更强调积极效应	可能存在正反两方面“双刃剑”效应

资料来源：基于相关文献整理。

2.2.3　悖论领导行为与中庸领导行为的区别

悖论领导行为类似于中庸领导行为的整合维度，两者都强调矛盾双方的相互联系和共存（辛杰和屠云峰，2020；朱颖俊等，2019），但是二者之间也有明显的异同（表 2-5）。首先，从概念来看，中庸领导行为更强调全面整合多方面信息，通过对矛盾双方“度”的拿捏，实现要素间共生共荣（郎艺和尹俊，2021）。悖论领导行为更为宏观地将竞争性需求置于系统之中，强调矛盾各要素之间的相互连接与依存（Zhang et al.，2015）。其次，从逻辑视角来看，中庸领导行为注重“度”的把握，强调“适度”最好的逻辑，注重全局和长效，注重环境变化和人际和谐等，选择合适的“度”，把握尺度整合矛盾因素，实现各方共赢。而悖论领导行为则注重“两者皆而有之”的共生逻辑；另外，从择前审思方面看，中庸领导行为讲求全面分析性，强调从“德”这个根本出发，不断努力回归主体的“德性”世界（辛杰和屠云峰，2020）。

悖论领导行为具备一系列看似相互对立，实则相互关联的行为来满足矛盾的需求，则更关注领导者系统性及全局性分析处理悖论两极张力的特质能力（Waldman & Bowen，2016）。最后，在组织决策过程中，中庸之道使管理者把和谐作为处理内外关系的行动原则，“和而不同”兼容其合理因素、优化决策（杨中芳和林升栋，2012）。悖论领导行为注重彼此之间的冲突需求关联性（Lewis，2000），不仅需要短期分化，始终以“二者都”为愿景进行沟通，同时注重悖论张力之间的整合—分化的管理智慧（Schad et al.，2016）。

悖论领导行为和中庸领导行为的区别　　表 2-5

对比视角	中庸领导行为	悖论领导行为
概念	强调全面整合多方面信息，通过对矛盾双方“度”的拿捏，实现要素间共生共荣	更为宏观地将竞争性需求置于系统之中，强调矛盾各要素之间的相互连接与依存
逻辑视角	“适度”最好逻辑	“两者皆而有之”逻辑
择前审思	全面分析性，以德服人	系统性，全局性
管理策略	权变整合	整合与分化
执行方式	和谐共生	对矛盾加以利用来取得成功

资料来源：依据相关文献资料整理所得。

2.3 悖论领导行为的相关研究

当前悖论领导行为的内涵、维度、测量等已有初步界定（Zhang et al.，2015；2019），虽然悖论领导行为已经逐步得到学者们的关注，相关实证研究也在学术界得到了相应的认可。但作为新兴的领导力理论，现有研究还未形成完整体系，对已有研究的认知地图还需细致梳理，以便更好探究悖论领导行为未涉及的理论领域。因此，本书从前因影响、中介机制、边界条件以及作用效果对悖论领导行为相关研究进行整理，并结合不同研究视角系统分析。

2.3.1 悖论领导行为的前因影响

悖论领导行为相关研究属于起步时期，探讨其前因变量的研究较少，当前研究大多聚焦于悖论领导作用影响机制的探究。仅有的前因变量研究，主要从个体因素和情境因素两方面切入。

1. 个体因素

从个体的角度看，领导者以他的整体性思维（Holistic Thinking），可能认为悖论矛盾的两端都是正确的（Choi & Nisbett，2000），更有可能将矛盾的两端联系起来，整合起来，找到动态共存的可能性。领导者的综合复杂性层次越高（Integrative Complexity），就越容易接纳不同的观点，接受并寻求综合的解决方案。Zhang 等（2015；2019）支持整体思维和合成复杂性这两个认知因素对人员管理中的悖论领导的显著预测效果。

此外，武亚军（2013）通过扎根理论发现悖论领导行为的个体认知前因包含“战略框架式思考”“认知复杂性”“悖论整合”等特征。同时，管理者的悖论认知框架对悖论领导产生积极影响，其中悖论认知框架具有多样统一性、不对称平衡性以及相互转换性特点（Yang et al.，2021）。大五人格特征也被证实是悖论领导行为的前因（Ishaq et al.,2021),其中领导者的外向性和对经验的开放性与悖论领导行为呈正相关。相反，领导者的合群性、自觉性和神经质与悖论领导行为呈负相关。

2. 情境因素

除个体差异外，情境条件也是悖论领导行为形成的首要驱动因素。Zhang 等（2019）提出，环境的不确定性可能会促使高管在矛盾的时间和社会关系框架内采取行动，Pearce 等（2019）通过情境意识到，悖论领导行为在同时处理与管理短期和长期目标相关的组织矛盾时变得更有效，从而参与到悖论式领导中并建议将矛盾 / 情境心态作为悖论领导的前因。

综上，目前关于悖论领导行为前因的相关研究还有待丰富，以往的研究仅证明了个体认知因素对悖论领导行为的影响，但结论存在一定的不一致性甚至是相互矛盾的结果，可见有必要进一步探讨其深处的形成机制。

2.3.2 悖论领导行为的中介机制

通过文献综述发现，悖论领导行为对结果变量作用的中介机制主要基于社会认知、动机、过程、社会网络、社会交换等视角。

1. 社会认知视角

以往的研究从社会认知的角度阐述了悖论领导行为如何发挥作用，总括为个体认知和集体认知。就个人认知机制而言，悖论领导行为是由员工的工作繁荣（Yang et al.，2019）、心理赋权（杨柳，2019）、心理安全（李锡元等，2018）影响下属行为。王朝晖（2018）更是发现，下属心理安全感和工作繁荣感在悖论领导行为与员工双元行为关系中同时发挥持续的中介作用。此外，基于社会信息加工理论，个体的环境因素会影响其态度和行为（Salancik & Pfeffer，1978），悖论领导行为为下属构建了一个开放的、支持性的环境，有助于提高下属的心理安全感，从而促进其建言行为（李锡元等，2018）。在集体认知方面，研究发现，由于悖论型领导者尊重和欣赏所有成员的观点和贡献，团队成员会模仿领导行为，这促进了团队的观点选择，进而有助于提高知识多样性的创新绩效（Li et al.，2019）。

2. 动机视角

有研究发现，悖论领导行为通过影响员工的"冷"动机和"热"动机来影响员工的工作行为和绩效。基于动机视角的中介变量包括创造性自我效能、工作激情和团队活力。Parker 等（2010）把动机划分为"冷"（Cold）动机和"热"（Hot）动机，前者包括"能做"动机和"应该做"动机，来源于个体自我效能感等认知方面，后者包括"有热情去做"动机，更受激活的情绪状态驱动。作为一种认知驱动的"冷"动机，创造性自我效能感是指个体相信自己具有创造性结果的技能和能力（Tierne & Farmer，2002）。研究发现，悖论领导行为通过培养追随者的目标清晰度和工作自主性来促进工作参与（Fürstenberg et al.，2021），减少创新过程的压力，增加员工的创造性自我效能，从而激发他的创造力（Shao et al.，2019）。作为一种情感驱动的"热"动机，工作激情是指个人强烈享受工作本身的情感倾向（Vallerand et al.，2010），团队活力是团队长期生存和发展的关键情感驱动力，反映了团队成员对团队的满意度和愿意留在团队的意愿（Balkundi & Harrison，2006）。

3. 过程视角

悖论领导行为还通过创新过程和组织知识管理影响团队和组织创新。团队的创新过程包括两个阶段：以创意产生为代表的知识创造和以创意执行为代表的知识整合（Anderson et al.，2014），但在资源和时间有限的背景下，知识创造和知识整合的困境难以同时实现，而悖论式领导有助于满足多元化和差异化竞争的需要，从而协调两者的矛盾，推动团队创新（罗瑾琏等，2015）。此外，悖论领导行为通过平等对待下属，允许个性化、控制性和灵活性并存，增强了组织成员分享知识的动机和意愿。因此，知识共享是悖论领导行为促进组织双元创新的重要机制（付正茂，2017）。Dashuai & Zhu（2020）将悖论领导理论、角色系统理论和角色参与理论相结合，构建了一个多层次、双过程模型，悖论领导行为对个体创新有正向贡献。曹萍和赵瑞雪（2022）基于社会交换理论和社会认同理论，提出领导者应当注重培养自身悖论领导能力，通过营造良好的团队氛围和鼓励团队互动，促进组织降低员工创意领地行为，揭示该过程中情感导向的团队互动的重要中介作用。

4. 社会网络视角

少量研究从社会网络的角度探讨了悖论领导行为对结果的影响机制。作为内嵌于组织中的员工，其认知和行为会受到团队网络结构的影响（Kuchler，2019），特别是在中国组织注重“关系”文化的背景下，从社会网络的角度探讨悖论领导行为对结果的作用机制也至关重要。以往的研究表明，悖论领导行为在团队中扮演着模范的角色，通过考虑看似对立但又相互关联的行为，促进团队成员加强互动和沟通（Grant et al.，2010），在一定程度上愿意、能够、有机会与团队成员形成牢固的联系，促进了员工的积极主动行为（彭伟和李慧，2018），增强了团队的创造力（彭伟和马越，2018）。

5. 社会交换视角

孙柯意和张博坚（2019）根据社会交换理论，提出了被调节的中介模型，并考察了员工特质正念对悖论领导行为与员工认同关系间的正向影响。Xue 等（2020）提出并检验了一种领导—成员交换视角：悖论领导通过心理安全感和自我效能感对员工建言行为产生影响。金涛（2020）依据社会交换理论，探讨团队悖论领导行为与创造力的正向相关关系。秦伟平等（2020）基于社会交换理论，构建悖论领导行为与员工建言的理论模型，研究结果发现，悖论领导行为的部分维度对于员工建言有促进作用。

2.3.3 悖论领导行为的边界条件

已有研究除探讨悖论领导行为的中介机制外，还引入了不同的调节变量，进一步探索悖论领导行为的边界条件，包括个体差异（员工的心理安全感、自我监控人格、员工的调节焦点、认知封闭需要、员工的特质正念等）以及工作情境变量（工作压力、环境动态、等级文化、感知 HRM 系统、团队任务依赖、知识共享和认知灵活性等）。

1. 个体差异变量

Yang 等（2019）研究发现，当心理安全感较强时，悖论领导行为通过工作繁荣对员工创造力的间接影响显著，当心理安全感较弱时，这种间接影响不显著。不仅如此，苏勇和雷霆（2018）发现，工作激情部分中介了悖论领导行为与员工创造力之间的关系，员工自我监控人格水平越高，悖论领导行为通过工作激情对员工创造力的影响越强，反之则影响越弱。李锡元等（2018）引入员工调节焦点，发现促进关注度较高的员工更容易感知悖论领导行为提供的包容性工作环境，从而提高自己的心理安全感，进而提升自己的建议。相反，对于高度防御性的员工来说，心理安全感的中介作用会被削弱。She 和 Li（2017）将认知闭合需求引入，发现当员工的认知闭合需要水平较低时，悖论领导行为更能影响下属的关系认同。孙柯意和张博坚（2019）发现：员工特质正念可以通过员工关系认同增强悖论领导行为对员工变革支持行为的作用。

2. 工作情境变量

以往的研究也发现，工作情境变量是影响悖论领导行为发挥作用的重要条件。罗瑾琏等（2015）研究指出，环境动态对悖论领导行为与团队创新之间的关系具有调节作用，即环境动态越高，悖论领导行为对团队创新的正向影响越强。此外，罗瑾琏等（2017）将团队任务依赖性和团队认知灵活性引入悖论领导行为影响团队创新的边界条件，发现团队任务依赖越强，团队认知灵活越高，悖论领导行为对团队创新的正向影响越强，并进一步支持了以团队活力为完全中介变量的团队任务依赖与悖论领导行为的交互作用，进而影响团队创新，即支持中介效应。彭伟和李慧（2018）基于社会网络关系的视角，发现上下级关系可以削弱团队内部网络纽带强度对员工主动行为的影响。Shao 等（2019）研究发现，当工作压力和整体复杂性较高时，悖论领导行为在提升员工创造力方面最有效，而当整体复杂性较低时，无论工作压力如何，悖论领导行为在提升员工的创造性自我效能感和创造力方面效果较差。企业文化认同是悖论领导行为对员工韧性正向影响过程中的调节因素（李雪等，2023）。

此外，还有少数学者将悖论领导行为作为调节变量引入研究里。Kauppila 和 Tempelaar（2016）探讨了悖论领导行为对员工学习取向和双元行为的调节作用，发现当悖论领导行为和员工学习取向都高时，员工的双元行为较高。Liu 等（2017）研究表示，悖论领导行为和团队的认知多样性相互作用，影响团队的创造性角色身份，进而促进团队的创造力。Li 等（2021）的研究发现，悖论领导行为调节了团队专业知识多样性和团队创新绩效之间的关系。杜娟等（2020）研究发现悖论领导风格负向调节团队断层通过团队行为整合影响团队创造力的间接关系。

2.3.4　悖论领导行为的作用效果

目前关于悖论领导行为效应的讨论主要集中在员工的工作行为和工作绩效方面，少数研究集中在团队创新和创造力方面。

2.3.4.1　员工工作行为和工作绩效

国内外关于悖论领导行为效应的研究聚焦员工的个体层面，主要集中在员工主动行为与员工韧性，员工双元行为，员工创造力与创新，员工建言行为、领导纳谏及追随行为，员工工作绩效等方面。

1. 员工主动行为与员工韧性

积极主动的行为是指个体有意识地预期并采取行动应对工作系统或工作中的变化（Griffin et al.，2007），这对于各组织在复杂多变的环境中生存与发展较为重要。Zhang 等（2015）表明，悖论领导行为通过向员工展示如何在复杂环境中接受和拥抱矛盾，同时平衡高工作要求和高自主性，促进员工积极主动的行为。彭伟和李慧（2018）也发现悖论领导行为对员工主动行为具有显著的促进作用。此外，研究发现悖论领导行为对激发员工韧性（面对变化与压力、积极稳定情绪以及组织和情感支持三个维度）有积极正向影响（李雪等，2023）。

2. 员工双元行为

双元行为是指个体同时平衡工作的探索和利用活动（Kauppila & Tempelaar，2016）。Kauppila 和 Tempelaar（2016）基于来自芬兰 34 家组织的员工数据分析发现，悖论领导行为对员工双元行为的影响最为显著。王朝晖（2018）基于大型酒店数据分析发现，悖论领导行为有助于提高一线基础服务员工的双元行为。因此，基于西方和中国样本的研究结果都支持悖论领导行为积极影响员工双元行为。

3. 员工创造力与创新

创造力是个体产生关于产品、服务、过程和程序的新颖和有用的想法的整个过程（Amabile，1996）。以往关于悖论领导行为与员工创造力关系的研究结论尚未统一。一方面，学者发现悖论领导行为有助于提高员工的创造力。比如，Yang 等（2019）将中国企业领导者和员工作为样本，研究发现悖论领导行为通过增加员工的工作繁荣感，增强员工的创造力。苏勇和雷霆（2018）的研究结论也支持悖论领导行为对员工创造力的促进作用。另一方面，Shao 等（2019）基于荷兰和德国的数据发现，在高工作压力情境下，悖论领导行为促进了综合复杂性高的员工创造力的提升，而悖论领导行为阻碍了综合复杂性低的员工创造力的加强。悖论领导行为通过员工的努力工作和聪明工作两条中介路径对员工创造力产生显著的正向影响（陶厚永等，2022）。

4. 员工建言行为、领导纳谏及追随行为

员工建言在一个组织中，被定义为一种行为，而不是一种观念或态度。它是指建设性的、以变革为导向的建议和沟通，帮助组织改善状况和提高效率（Ng & Feldman，2012）。李锡元等（2018）发现悖论领导行为有助于激发员工的促进性和抑制性建言行为。现有研究发现悖论领导行为更容易采纳员工谏言（韩翼和麻晓菲，2022），即悖论领导行为对下属喜欢程度越高，则对领导纳谏的正向影响越强。Jia 等（2018）则发现，悖论领导行为有助于有效整合和向下属解释冲突的社会信息，从而激发下属的追随行为。Xue 等（2020）在对中国 155 名下属和 96 名主管进行的纵向研究中发现，当领导者采用悖论领导行为时，员工更容易产生促进建言行为，提出团队规模（调节）与心理安全（中介）对悖论领导行为促进员工建言行为主效应间有显著的交互作用。卢晴（2020）通过心理安全感与工作重塑的链式中介作用探讨了悖论领导行为对新生代员工建言行为的影响机制。可见，已有研究支持了悖论领导行为对员工建言行为和追随行为的积极影响。

5. 员工工作绩效

已有研究还进一步探讨了悖论领导行为对员工工作绩效的影响。She 和 Li(2017）发现在中国企业中悖论领导行为对员工工作绩效有着积极作用。Zhang 等（2016）则表明悖论领导行为有利于提高部属的创新绩效。She 等（2020）对中国 8 家提供全方位服务的酒店的 72 名领导和 556 名员工的多元滞后调查发现，酒店行业悖论领导行为与员工服务绩效之间存在正相关关系。

2.3.4.2 团队创新和创造力

1. 团队创新与团队敏捷性

团队创新是有意识地引入和应用有益于团队的理念、产品和流程（West & Wallace，1991）。罗瑾琏等（2015; 2017）发现，悖论领导行为对不同类型的团队创新有积极影响。Zhang 等（2016）研究进一步支持了悖论领导行为对团队创新的显著促进影响。此外，Li 等（2018）还发现，悖论领导行为可以帮助多元化的团队克服"分化—整合"（Differentiating-integrating）悖论，促进团队创新。此外，悖论领导行为通过知识创造、知识整合等过程提升团队创新能力（花常花等，2022）。

组织双元创新能力即组织二元性（Organizational Ambidexterity）指的是组织有效利用现有市场机会，同时创造和创新以应对未来市场挑战的能力（O'Reilly，2013），这表明组织能够同时进行开发性创新和探索性创新，并有效处理两者之间的矛盾，以获得持久的竞争优势。付正茂（2017）发现，悖论领导行为表现为角色式的榜样行为，更能整合矛盾的需求，从而提升组织的双元创新能力。王彦蓉等（2018）通过案例研究和扎根理论编码分析进一步支持了悖论领导行为在促进组织二元性方面的作用。Yi 等（2019）的实证分析结果显示，悖论领导行为与探索性创新和开发性创新均呈正相关关系。

已有研究在理论上提出了领导行为和团队敏捷性之间的悖论（Mammassis & Schmid，2018）。Mammassis 和 Schmid（2018）提出一个理论模型，权力不对称会比较明显地降低软件开发团队的敏捷性，但如果团队领导者表现出悖论领导行为，则将会把权力不对称变为积极因素，从而提高软件开发团队的敏捷性。

2. 团队创造力

团队创造力指的是“团队成员共同呈现的新的有用的服务、产品、流程和程序纲要”（Shin & Zhou，2007）。学者彭伟和马越（2018）发现，悖论领导行为可以兼顾权力分配与授予、处理上下级关系、对待不同特征的团队成员、团队任务执行与决策过程中看似矛盾但又相互关联的行为，发挥双重整合效能，从而有效提升团队创造力。Liu 等（2017）发现，悖论领导行为和认知多样性与团队的创造力相互作用。当悖论领导行为强烈时，认知多样性对团队的创造力有积极影响，反之则产生消极影响。同时，研究证实悖论领导行为通过中庸思维的中介作用积极影响下属创造力（耿紫珍，2022）。此外，研究发现悖论领导行为通过团队主动性和外部知识搜索链式中介效应来提高团队创造力（韩杨，2023）。

综上，现有研究关于悖论领导行为的作用影响已取得了一定的成果。从目前研究所聚焦的结果效应来看，主要包括诸多员工的主动行为、创造力、双元行为、团队创新、团队敏捷和组织双元创新能力等，它涵盖了不确定情况下的重要变量。研究结论总体上支持了悖论领导行为的积极效应，可见悖论领导行为有助于复杂情境下的组织走入积极正向的管理道路。

2.3.5 悖论领导行为的研究评述

回顾国内外对于悖论领导行为的研究，本书梳理出了悖论领导行为的理论框架（图 2-1），从中可以发现，近年来，众多研究表明悖论领导行为对员工个体和组织均会产生重要影响。然而关于悖论领导行为的研究大多基于横截面数据，目前时间序列的纵向研究与质性研究相对较少，前因变量实证研究较为不足，多数聚焦于悖论领导行为的结果效应研究。目前国内对于悖论领导行为的研究处于初始阶段，仍有较大的发展空间，基于悖论领导行为的综合模型和文献梳理，本书提出悖论领导行为未来研究值得关注的方面：

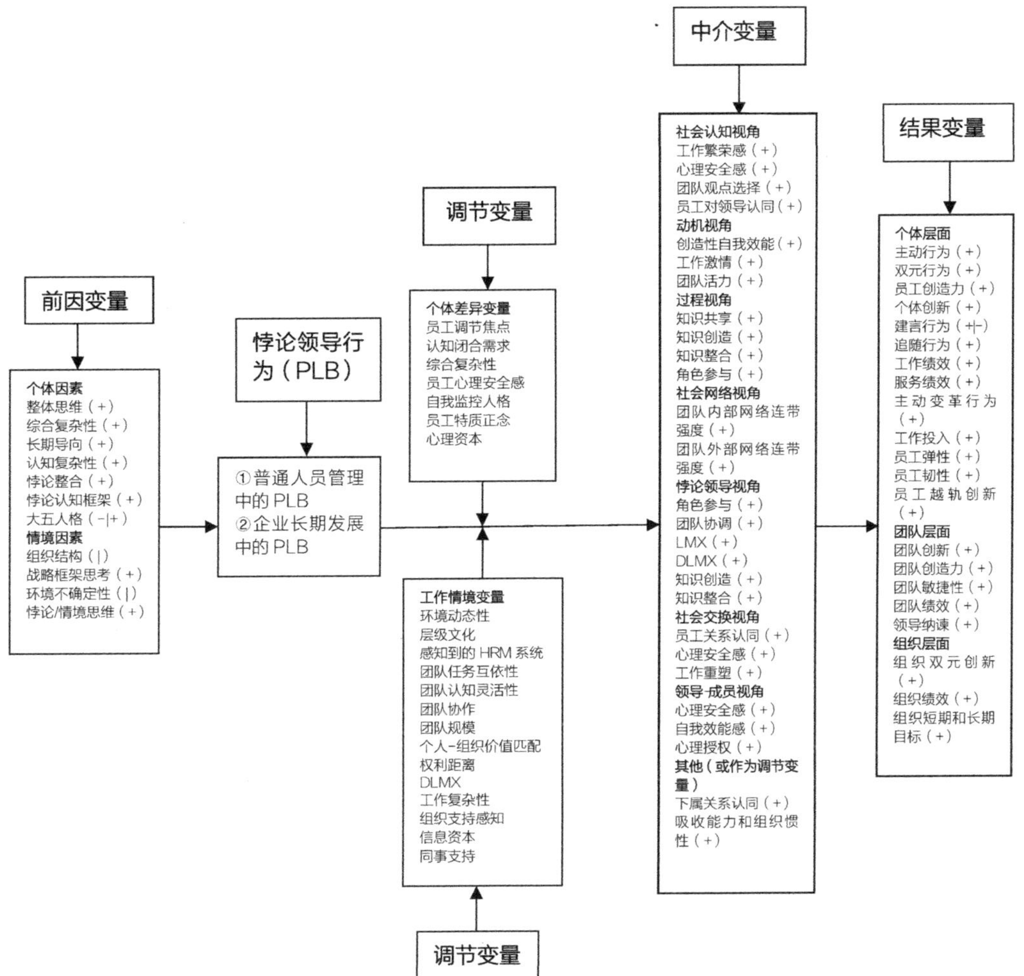

注：（+）表示显著正相关，（-）表示显著负相关，（|）表示相关性不显著。

图 2-1　悖论领导行为的理论框架

（资料来源：根据相关文献整理而成）

第一，悖论思想是对已有领导研究的拓展与整合，然而针对不同群体与不同情境下的悖论领导行为的概念和测量仍存在未开发的领域与空间，尤其是拓展悖论领导行为在跨文化情境中的研究。

第二，现有研究集中于截面数据静态的实证研究，鲜有学者采用扎根理论研究方法开展质性研究，未来可以使用定性研究方法对悖论领导行为进行动态跟踪调查，探索诸多矛盾间的张力关系，拓宽悖论领导研究的新领域。

第三，以往研究大多聚焦于悖论领导行为的作用效果，关于悖论领导行为前因的相关研究还有待丰富，现有从个体因素对悖论领导行为影响的研究存在结论不一致的现象，进而有必要厘清悖论领导行为的形成机制。

第四，现有研究探索悖论领导行为对结果变量作用的中介机制，集中于社会认知视角、动机视角、过程视角、社会交换视角，在路径研究和理论视角方面还有待深入挖掘。

第五，从现有研究关注的结果变量来看，集中于员工主动行为、双元行为、建言行为、创造力、团队创新、团队敏捷性以及组织双元创新能力等。未来研究可以关注团队层面，将任务绩效、员工满意度以及组织承诺方面的团队绩效作为研究结果变量。

总之，日益复杂多变的环境使“悖论”成为当前组织的“新境遇”，管理者面对的新课题是如何行之有效地应对组织管理中的“悖论”。领导决策风格从权变视角向悖论视角的转型,也代表着领导风格由传统固守“二者选其一”向现代优化“二者兼得”的处事原则转变。因此，根植于中国传统智慧的悖论领导行为是组织可持续发展的动力之源。因此，基于本土视角不断探索不同群体与不同情境下的悖论领导行为表现，深入挖掘悖论领导行为的形成及作用机制，深入挖掘管理悖论，有利于突破既有研究的局限。不仅展示了中国传统文化中所蕴含的丰富管理智慧，也体现了本土管理研究者对“中国理论”的不懈探索和孜孜追求。

2.4 本章小结

本章内容主要回顾了悖论领导行为的相关研究，在此基础上认识到挖掘、探究中国海外项目经理悖论领导行为的必要性和重要意义。

本章从悖论视角出发，整理悖论领导行为的已有研究现状，并从悖论的起源、组织管理中的悖论以及领导对悖论管理的重要意义为出发点，首先区分悖论领导行为与其他相似领导行为概念的异同，并对悖论领导行为形成因素、中介机制、边界条件以及作用影响等多方面进行了梳理，形成现有研究的理论框架。悖论思想是对已有领导研究的拓展与整合，然而针对不同群体与不同情境下的悖论领导行为的概念和测量存在进一步完善的空间，尤其是拓展悖论领导行为在跨文化管理中的研究。

通过对悖论领导行为相关研究进行梳理发现，悖论领导行为无论对员工个体层面还是团队组织层面，均会产生有益影响。但目前研究基于横截面数据较多，且集中于静态的量化实证研究。未来可以考虑运用定性研究方法，其提供了一个动态跟踪张力关系的悖论领导行为的方法创新（Fairhurst & Putnam，2019），有助于学者鉴别悖论张力间的竞争性关系，拓宽悖论领导研究领域的测量，帮助管理者有效识别、兼顾悖论。现阶段前因变量实证研究仍有不足，且集中于悖论领导行为的结果效应。目前国内对于悖论领导行为研究也已兴起，既有研究中的两种悖论领导行为：人员管理中的悖论领导行为（PLB-PM）及企业长期发展中的悖论领导行为（PLB-CD），无法如实反映跨文化情境中的悖论和矛盾，学者们呼吁应拓展悖论领导行为在跨文化情境中的进一步研究（Zhang et al.，2015）。因此，对于中国海外项目经理悖论领导行为具有重要的理论意义和实践价值。

第 3 章　中国海外项目经理悖论领导行为概念的产生

3.1　研究背景

在“一带一路”倡议进入实施阶段的大背景下，我国的国际工程承包企业面临国际化过程中空前的机遇和挑战。中国对外承包工程全年签约总额从 1979 年到 2020 年的 41 年，增长了近 8000 倍，从 3400 万美金上升至 2500 亿美金（中华人民共和国商务部，2024）。在当下国际承包工程市场中，国际工程项目作为一种以国际上通用的工程项目管理模式进行管理的工程（朱珊，2004），正朝着高质量发展的方向迈进。同时，跨文化领导力已经成为企业全球化成功的关键（丹尼尔，2018），中国外派项目管理者的领导力也代表了中国企业的国际竞争力。跨国经营管理也不可避免面临多元化差异所带来的文化冲突。中国企业正处于前所未有的跨文化新环境中，作为中国对外投资项目的“代言人”，外派项目经理领导力也面临跨文化管理的空前挑战（Javidan et al.，2006）。如何在看似相互竞争却又相互联系的跨文化管理中有效地应对文化差异带来的矛盾和张力？外派项目经理需要根据东道国的实际情况及时调整领导方式（Tung & Miller，1990；Ralston et al.，1997；House et al.，2002），面对更加动态、复杂、竞争的跨文化组织环境，亟须以全新的视角审视中国外派项目经理的跨文化领导力。

只有将本国和所派遣地的社会文化环境等因素的差异影响作为参考条件，才能全面认知中国海外管理者的领导力。由于“一带一路”投资国家相对欠发达，发展中国家在文化倾向上（集体主义、权利距离、外部导向等方面）又具有普遍的相似性（Aycan，2000）。因此，中国外派项目经理领导力的开发不但要在领导思维特质方面体现出中国文化的全局观与整体性，而且在影响机制上还需发挥文化普适性的作用。然而，现有关于领导力和文化的研究大多关注“发达世界”（Aycan，2004；Sinha，2003；Sinha，2004；Antonakis et al.，2004），而外派管理者是当前学者们的主要关注对象，从相关研究领域来看，对于中国外派管理者的研究有待丰富（Wang，2016）。我国少数以外派管理者为主题的研究，多聚焦于跨文化适应性（杜红和王重鸣，2001；周燕华和崔新健，2012；王泽宇等，2013；王亮，2018；何蓓婷，2019）、跨文化胜任力（高嘉勇和吴丹，2007；李宜菁和唐宁玉，2010；田志龙等，2013；陈淑敏和吴秀莲，2016）及跨文化能力（徐笑君，2016；孟凡臣和刘博文，2019；陆阳漾等，2020；崔圆庭，2020）方面。仅有的几篇关于外派管理者跨文化领导力的研究，也停留在领导特质和能力方面的结构模型与维度的探讨（刘冰等，2020；何斌等，2014；张艳芳，2020；刘影，2021）。并且，目前关于中国外派管理者跨文化领导力的研究也并没有全面考虑文化同质性（Homogeneity）和异质性（Heterogeneity）之间是既矛盾又相互联系的统一有机体。由此，在目前的组织管理研究中，尚无领导力概念聚焦于中国传统辩证视角从全局出发展示跨文化管理中有效的领导行为，也尚未有研究系统地开发针对中国外派项目经理领导行为的测量量表以及探索其形成与影响机制。鉴于此，在跨文化管理中悖论领导行为缘起的探讨本身有着文化传统与场域结构二者孰轻孰重的问题，不同体制背景下文化传统的适用性问题，都是学术界值得深入探讨的话题。

基于此，本书遵循代表性原则、启发性原则、便利性原则采用理论抽样方法对案例对象进行选择（Miles et al.，2014），选择具有代表性的海外新能源投资典型案例。本书将越南头顿光伏项目作为研究样本，主要出于以下几点原因：首先，遵循代表性原则。在“双碳”背景下，全球对于能源转型投资金额约有173万亿美金的需求，世界各个国家为在2050年以前实现能源零排放标准而努力。在2030年之前，每年新增455GW光伏，为2020年新增光伏装机容量的3.2倍（戴晓，2022）。在2020年，越南光伏装机容量超过16GW，新增装机容量排名仅次于中国和美国，全球跃居第三位。选取越南头顿光伏项目为案例进行冲突和矛盾分析，可广泛应用于海外新能源项目中，具有典型代表性。其次，遵循启发性原则。围绕越南头顿光伏项目六大风险指标，发现中国外派项目经理采用“两者兼顾”的矛盾处理方式，可以有效化解冲突和矛盾。因此，本案例在揭示跨文化情境中处理冲突和矛盾具有启发性。最后，遵循便利性原则。本书依托中央企业与高校共建“一带一路”能源学院，有便利条件对越南头顿光伏项目进行风险矛盾调研，进而发现中国外派管理者采取有效行为措施的依据，提炼出具有可靠性的中国海外项目经理悖论领导行为。

3.2 “一带一路”建设中的跨文化冲突与矛盾——以越南头顿光伏项目为例

电力行业作为共建“一带一路”的中坚力量（翟东升，2021），纷纷涌入国际市场探索全新的盈利模式。越南工贸部公布的《2021—2030 时期、面向 2045 年国家电力发展规划》（征求意见稿）称，2021—2030 年，越南电力发展投资需求为 1283 亿美元，2022 年 2 月越南全国用电量同比增长近 15%，成为亚洲社会用电量增速最快的国家之一。伴随经济社会的逐步繁荣以及生态环保方面的重视，越南对光伏发电、风力发电、垃圾焚烧发电、生物质能发电、核能发电等新能源项目投资的需求日益增大。在当地对光伏发电补贴优惠政策的支持下，吸引了越来越多的中国能源电力公司对越南当地发电项目的开发。

本项目是由中国能源电力 A 公司与中国建筑 B 公司共同携手开发，A 公司主要负责项目前期投融资，B 公司则负责整体项目的总承包建设，在 2019 年春天开工，在 2019 年年中建设投产运营。越南头顿光伏发电站是水面太阳能发电项目，项目位置处于越南头顿省，光伏发电项目所属区域光照充足，日照资源颇丰，采用 Meteonorm 工具进行数据预测，预计未来 20 年平均利用小时是 1430h，第一年发电利用小时是 1527.4h。头顿光伏发电站选址在地势平坦区域并且附近交通十分便利，是光伏发电场站建设的不错选择。光伏电站周边有 2 所升压站，架设 24km 输变电线路即可与本光伏电站进行连接，可以有效满足发电外送的要求。经过预测，本项目经济、技术性能各项指标较好（表 3-1）。

主要技术指标　　表 3-1

项目	单位	数值	备注
装机容量	MW	150	
标准电价	美元 /（kW · h）	0.094	
首年设计年利用小时	h	1527.38	
有效电量系数		78%	
首年衰减率		3%	
以后各年衰减率		0.73%	
生产运营期	年	20	
年运行维护成本	美元 /W	0.06	
长期贷款利率		5.80%	
政治保险费率		0.80%	

注：改编自廖勇，谢智慧 . 光伏项目投资风险控制研究——以越南头顿光伏项目为例 [J]. 华北电力大学学报（社会科学版），2019（6）: 47-58.

在跨文化情境中，对外派项目经理的领导力提出了更高的要求。如何在看似相互竞争却又相互联系的跨文化管理中有效地应对文化差异带来的矛盾和张力？外派项目经理需要根据东道国的实际情况及时调整领导方式（Tung & Miller，1990；Ralston et al.，1997；House et al.，2002）。在充分对越南投资市场环境和制度合规方面进行调研的基础上，以越南头顿光伏项目为例具有广泛的中国海外项目代表性。对越南头顿光伏项目进行冲突矛盾分析和评估，并提出在充满动态和矛盾的跨文化情境中，中国外派项目经理可以创造性地进行联系，有效施展悖论领导行为进行冲突防范，旨在探讨中国传统辩证视角下开发外派项目经理在跨文化管理中有效的领导行为。

3.2.1　采用的冲突矛盾评估方法及原理

本书选取基于序关系的综合指标评价方法对该新能源发电项目各项冲突矛盾条目进行梳理，所使用的综合指标评价方法涵盖了层次分析法[①]和基于序关系的评价法等。

本方法的研究步骤包括数据采集、构建递阶结构、建立相对权值、确定合成权重、决策措施五个基本步骤，具体如下：

（1）数据采集：通过对系统的深刻认识，确定该体系的总目标，厘清规划决策所涉及的内容范围、要采用的措施方案和策略、实现目标的原则标准以及各种约束条件等，广泛进行数据信息的采集。

（2）构建递阶结构：按实现条件的不同和目标的差异，将科学地划分出不同等级层次。

（3）建立相对权值：确定以上不同递阶结构中相邻层次元素间的相关程度。通过构造两个相邻层次进行矩阵判断运算的数学方法，确定相对上一层次某个元素，本层次中与其相关元素的重要性排序。

（4）确定合成权重：计算各层元素的合成权重，在系统目标中进行总排序，以确定最底层各元素在总目标中的重要度。

（5）决策措施：根据数据分析计算的结果，深入剖析指标，制订相应的措施或决策。

① 层次分析法（Analytic Hierarchy Process，AHP）是美国运筹学家、匹兹堡大学T. L. Saaty教授在20世纪70年代初期提出的，该方法是对定性问题进行定量分析的一种简便、灵活而又实用的多准则决策方法，自1982年被引入我国以来，在我国社会经济各个领域内得到了广泛的重视和应用。

在对决策指标的主观权重确定时，使用基于序关系的指标权重确定法。为了更好地对基于序关系的指标权重确定法进行介绍，先进行以下定义：

定义 1：如果评价准则受评价指标 X_j 的重要性小于 X_i 时，可以记作 $X_i>X_j$。

定义 2：若相对于评价准则，评价指标 X_1，X_2，…，X_n 具有关系式 $X_1^*>X_2^*>\cdots>X_n^*$ 时，则称评价指标 X_1，X_2，…，X_n 是以 > 确定的序关系。

步骤 1 序关系确定。

$\{X_1, X_2, \cdots, X_n\}$ 表示一个评价指标集，主要进行以下步骤建立其序关系：

（1）$\{X_1, X_2, \cdots, X_n\}$ 表示一个评价指标集，专家从中挑选一个重要指标，并用 X_1^* 表示；

（2）专家再从 $n-1$ 个指标中，挑选重要指标，用 X_2^* 表示；

……

（n）用 X_n^* 表示 $n-1$ 次挑选后的指标。

在多次筛选之后，能够确定最后的序关系。并且在确定这些序关系的同时，确定这些评价指标对评价准则的权重系数，可记作 $X_1>X_2>\cdots>X_n$。

步骤 2 判断 X_{k-1} 与 X_k 间各指标的重要程度

设指标 X_{k-1} 与 X_k 的重要性程度之比为 r_k，指标 X_{k-1} 与 X_k 的重要性程度分别为 w_{k-1}、w_k，则：

$$r_k = w_{k-1}/w_k,\ k=n,\ n-1,\ n-2,\ \cdots,\ 3,\ 2 \tag{3-1}$$

$r_{k-1}>1/r_k$，r_k 由各专家参考表 3-2 进行独立、理性赋值。

赋值参考表 表 3-2

r_k	说明
1.0	指标 X_{k-1} 与 X_k 同等重要
1.2	指标 X_{k-1} 与 X_k 稍微重要
1.4	指标 X_{k-1} 与 X_k 明显重要
1.6	指标 X_{k-1} 与 X_k 强烈重要
1.8	指标 X_{k-1} 与 X_k 极端重要
1.1，1.3，1.5，1.7	指标 X_{k-1} 与 X_k 重要性等级介于 {1.0，1.2，1.4，1.6，1.8}

注：引自廖勇，谢智慧．光伏项目投资风险控制研究——以越南头顿光伏项目为例 [J]. 华北电力大学学报（社会科学版），2019（6）：47-58.

步骤 3　如果 r_k 的理性赋值符合关系 $r_{k-1}>1/r_k$，可由式（3-1）得到

$$w_{k-1}=r_k w_k,\ k=n,\ n-1,\ n-2,\ \cdots,\ 3,\ 2 \tag{3-2}$$

其中，
$$w_m=(1+\sum_{k=2}^{m}\prod_{i=k}^{m}r_i)^{-1} \tag{3-3}$$

为更加客观、准确地给出属性的相对重要程度，减弱决策者人为因素的干扰，需要聘请多位专家群体决策，因此可聘请 L 位专家 $E=\{e_1,\ e_2,\ \cdots,\ e_L\}$ 对属性 X_1，X_2，…，X_n 的相对重要程度排序，进而综合比较出理想的结果。

假设 L 位专家给出的排序如下：

$$\begin{cases} X_1^{(1)} > X_2^{(1)} > \dots > X_n^{(1)} \\ X_1^{(2)} > X_2^{(2)} > \dots > X_n^{(2)} \\ \qquad\qquad \cdots \\ X_1^{(L)} > X_2^{(L)} > \dots > X_n^{(L)} \end{cases}$$

设 r_{kj} 为专家 e_k（$k=1,2,\cdots,L$）关于属性 X_{j-1} 与 X_j 间相对重要程度之比的理性赋值，即

$$r_{kj}=\frac{w_{j-1}^{(k)}}{w_j^{(k)}},\ j=n,\ n-1,\ n-2,\ \cdots,\ 3,\ 2 \tag{3-4}$$

专家 e_k（$k=1,\ 2,\ \cdots,\ L$）给出的属性相对重要程度 $w_j^{(k)}$ 可由下式求得

$$\begin{cases} w_n^{(k)}=(1+\sum\limits_{q=2}^{n}\prod\limits_{j=q}^{n}r_{kj})^{-1} \\ w_{j-1}^{(k)}=r_{kj}\ w_j^{(k)},j=1,2,\cdots,n \end{cases} \tag{3-5}$$

步骤4　将计算出的结果与各评价指标一一对应，并由下式求得评价指标 X_1，X_2，…，X_n 的综合权重。根据式（3-5）可求得属性 X_j（$j=1,\ 2,\ \cdots,\ n$）的综合相对重要程度为

$$w_j=\frac{\prod_{k=1}^{L}w_j^{(k)}}{\sum_{j=1}^{n}\prod_{k=1}^{L}w_j^{(k)}},j=1 \tag{3-6}$$

3.2.2　冲突矛盾体系的构建

越南头顿光伏项目冲突矛盾评价指标体系的建立将量化与质性的研究方法相结

合，并遵循科学性、系统性、适用性原则（表 3-3）。

越南头顿光伏项目冲突矛盾评价指标体系 表 3-3

目标层	准则层	矛盾指标层
越南头顿光伏项目冲突矛盾评价指标体系	政治冲突 X_1	公共安全与市场机遇矛盾 $X_{1\text{-}1}$
		法律合规与市场机遇矛盾 $X_{1\text{-}2}$
		政治环境与市场机遇矛盾 $X_{1\text{-}3}$
		规范管理与政策变化矛盾 $X_{1\text{-}4}$
	经济冲突 X_2	利率与经营矛盾 $X_{2\text{-}1}$
		汇兑与财务矛盾 $X_{2\text{-}2}$
		通货膨胀与经营成本矛盾 $X_{2\text{-}3}$
	社会冲突 X_3	工作制度与文化习俗矛盾 $X_{3\text{-}1}$
		企业文化与宗教信仰矛盾 $X_{3\text{-}2}$
		语言沟通矛盾 $X_{3\text{-}3}$
	自然冲突 X_4	气候变化与项目适应性矛盾 $X_{4\text{-}1}$
		环境保护与项目建设矛盾 $X_{4\text{-}2}$
		项目运营与不可抗力矛盾 $X_{4\text{-}3}$
	技术冲突 X_5	国内外技术标准匹配矛盾 $X_{5\text{-}1}$
		施工质量与施工成本矛盾 $X_{5\text{-}2}$
		设备维护与运营成本矛盾 $X_{5\text{-}3}$
	运营冲突 X_6	经营管理与原材料供给矛盾 $X_{6\text{-}1}$
		发电量下滑与用电需求矛盾 $X_{6\text{-}2}$
		合同索赔与反索赔的矛盾 $X_{6\text{-}3}$
		多元文化团队管理矛盾 $X_{6\text{-}4}$

注：改编自廖勇，谢智慧．光伏项目投资风险控制研究——以越南头顿光伏项目为例 [J]. 华北电力大学学报（社会科学版），2019（6）：47-58.

具体的指标解释如下：

（1）政治冲突 X_1

近年来，在借鉴中国经验的基础上进行革新开放，人民生活水平不断提高，经济社会发展总体稳定，国内政局总体保持稳定。中国海外项目团队可以依据《越南投资法》来保障本团队在越南投资的合法权益。伴随越南加入《承认及执行外国仲裁裁决公约》，海外投资团体的利益诉求将得到进一步保障。基于以上背景及政策形势，中国海外项目团队管理者所要面对的政治冲突包含：政治环境与市场机遇的矛盾、法律合规与市场机遇的矛盾、公共安全与市场机遇的矛盾、规范管理与政策变化的矛盾。

（2）经济冲突 X_2

自 1986 年开始，越南逐步走向以发展经济为中心的道路，社会经济有了较大的提升。近 5 年，平均通货膨胀率为 3.6%，GDP 平均增速 6.5% ~ 7%，国内利率维持在 6.2% ~ 6.8% 的水平；2016 年美联储加息后，越南央行不得不出售美元，并不再为外国投资者提供汇兑担保，因此，本项目存在一定利率不稳定性，汇兑风险和通货膨胀等经济方面的冲突与风险，具体表现的矛盾为汇率波动对主营业务以及企业财务的正负面影响。主要矛盾体现在：利率与经营矛盾、汇兑与财务矛盾、通货膨胀与经营成本矛盾。

（3）社会冲突 X_3

越南是一个多民族国家，主要民族为京族（占总人口 86%），官方语言为京语。在社会方面主要冲突有工作制度与文化习俗之间的矛盾、企业文化与宗教信仰之间的矛盾以及中文与京语之间的语言沟通矛盾。

（4）自然冲突 X_4

越南属热带季风气候，工程所在区域气候温和，中国外派管理者需要适应当地气候，另外，本项目建设涉及自然环境保护与项目建设的矛盾，建设及运营期间与不可抗力之间的矛盾。

（5）技术冲突 X_5

本项目设计工作由越南设计院 EVNPECC2 配合中国专业设计院完成，B 公司负责 EPC 总承包，所有发电设备从中国采购。由于中国光伏产业现在已形成一套完善、成熟的发电产业链，本项目建设期的技术风险较小。光伏发电系统由光伏组件、逆变器、变压器、汇流箱及线缆等电力设备组成，在项目设计前期涉及我国技术标准与东道国技术标准匹配之间的矛盾；在施工期间涉及施工质量与施工成本之间的矛盾；在运营期间涉及设备故障、线路老化等设备维护与运营成本之间的矛盾。

（6）运营冲突 X_6

近年来，越南电力供应仍不能满足当地人民日益增长的电力需求；在《关于越南发展太阳能项目鼓励机制的决定》及购电协议（PPA）的约束下，本项目的电量和电价有一定保障。由于光伏发电系统没有调峰调频功能，故会存在发电量下滑与市场用电需求的矛盾，即未来如果光伏发电装机占比过大，可能会对整个电力系统造成冲击。另外还存在合同索赔与反索赔的矛盾，经营管理与原材料供给之间的矛盾，本土员工特殊诉求与多元文化团队管理之间的矛盾等。

3.2.3 冲突矛盾评价指标权重的确定

邀请5位相关领域专家 $E=\{e_1, e_2, e_3, e_4, e_5\}$，分别对一、二级指标的重要性进行排序，采用基于序关系的指标权重确定法来计算确定指标体系的权重，具体步骤如下：

（1）确定一级指标 X_1，X_2，…，X_6 的权重

5位专家对6个一级指标的重要性进行排序如下

$$\begin{cases} X_1 > X_3 > X_6 > X_2 > X_5 > X_4 \\ X_6 > X_2 > X_1 > X_3 > X_5 > X_4 \\ X_1 > X_2 > X_6 > X_5 > X_3 > X_4 \\ X_6 > X_5 > X_2 > X_3 > X_1 > X_4 \\ X_2 > X_6 > X_3 > X_1 > X_3 > X_4 \end{cases}$$

为便于说明，将上述序关系统一记为

$$\begin{cases} X_1^{(1)} > X_2^{(1)} > X_3^{(1)} > X_4^{(1)} > X_5^{(1)} > X_6^{(1)} \\ X_1^{(2)} > X_2^{(2)} > X_3^{(2)} > X_4^{(2)} > X_5^{(2)} > X_6^{(2)} \\ X_1^{(3)} > X_2^{(3)} > X_3^{(3)} > X_4^{(3)} > X_5^{(3)} > X_6^{(3)} \\ X_1^{(4)} > X_2^{(4)} > X_3^{(4)} > X_4^{(4)} > X_5^{(4)} > X_6^{(4)} \\ X_1^{(5)} > X_2^{(5)} > X_3^{(5)} > X_4^{(5)} > X_5^{(5)} > X_6^{(5)} \end{cases}$$

5位专家分别对各指标的相对重要程度给出理性赋值，赋值结果见表3-4。

指标的相对重要程度 表3-4

专家	$w_1^{(k)}/w_2^{(k)}$	$w_2^{(k)}/w_3^{(k)}$	$w_3^{(k)}/w_4^{(k)}$	$w_4^{(k)}/w_5^{(k)}$	$w_5^{(k)}/w_6^{(k)}$
e_1	1.6	1.0	1.0	1.6	1.0
e_2	1.5	1.2	1.6	1.1	1.8
e_3	1.4	1.2	1.2	1.2	1.5
e_4	1.5	1.1	1.3	1.1	1.2
e_5	1.2	1.4	1.2	1.6	1.8

根据式（3-5）计算确定5位专家给出的指标权重，计算结果见表3-5。

五位专家给出的指标权重 表 3-5

专家	$w_1^{(k)}$	$w_2^{(k)}$	$w_3^{(k)}$	$w_4^{(k)}$	$w_5^{(k)}$	$w_6^{(k)}$
e_1	0.274	0.171	0.171	0.107	0.107	0.171
e_2	0.181	0.218	0.114	0.057	0.103	0.327
e_3	0.286	0.204	0.118	0.079	0.142	0.170
e_4	0.121	0.172	0.133	0.101	0.120	0.284
e_5	0.146	0.252	0.091	0.051	0.175	0.210

根据式（3-6）计算确定 X_1，X_2，…，X_6 的权重，计算结果见表 3-6。

X_1，X_2，X_3，X_4，X_5，X_6 的权重 表 3-6

w_1	w_2	w_3	w_4	w_5	w_6
0.203	0.269	0.023	0.002	0.042	0.462

（2）确定各二级指标的权重

依照步骤（1），依次、逐项计算确定各二级指标的权重，计算过程从略，计算结果见表 3-7。

冲突矛盾评价指标权重 表 3-7

目标层	准则层	一级权重	矛盾指标层	二级权重
越南头顿光伏项目冲突矛盾评价指标体系	政治冲突 X_1	0.203	公共安全与市场机遇矛盾 $X_{1\text{-}1}$	0.038
			法律合规与市场机遇矛盾 $X_{1\text{-}2}$	0.342 √
			政治环境与市场机遇矛盾 $X_{1\text{-}3}$	0.236
			规范管理与政策变化矛盾 $X_{1\text{-}4}$	0.273
	经济冲突 X_2	0.269	利率与经营矛盾 $X_{2\text{-}1}$	0.121
			汇兑与财务矛盾 $X_{2\text{-}2}$	0.720 √
			通货膨胀与经营成本矛盾 $X_{2\text{-}3}$	0.159
	社会冲突 X_3	0.023	工作制度与文化习俗矛盾 $X_{3\text{-}1}$	0.297
			企业文化与宗教信仰矛盾 $X_{3\text{-}2}$	0.350 √
			语言沟通矛盾 $X_{3\text{-}3}$	0.353 √

续表

目标层	准则层	一级权重	矛盾指标层	二级权重
越南头顿光伏项目冲突矛盾评价指标体系	自然冲突 X_4	0.002	气候变化与项目适应性矛盾 $X_{4\text{-}1}$	0.313 √
			环境保护与项目建设矛盾 $X_{4\text{-}2}$	0.342 √
			项目运营与不可抗力矛盾 $X_{4\text{-}3}$	0.345 √
	技术冲突 X_5	0.042	国内外技术标准匹配矛盾 $X_{5\text{-}1}$	0.166
			施工质量与施工成本矛盾 $X_{5\text{-}2}$	0.476 √
			设备维护与运营成本矛盾 $X_{5\text{-}3}$	0.246
	运营冲突 X_6	0.462	经营管理与原材料供给矛盾 $X_{6\text{-}1}$	0.046
			发电量下滑与用电需求矛盾 $X_{6\text{-}2}$	0.845 √
			合同索赔与反索赔的矛盾 $X_{6\text{-}3}$	0.054
			多元文化团队管理矛盾 $X_{6\text{-}4}$	0.038

从表 3-7 冲突矛盾评价指标权重中可以看出，本项目须重点关注以下 9 对矛盾（二级权重指数在 0.3 以上）：法律合规与市场机遇矛盾、汇兑与财务矛盾、企业文化与宗教信仰矛盾、语言沟通矛盾、气候变化与项目适应性矛盾、环境保护与项目建设矛盾、项目运营与不可抗力矛盾、施工质量与施工成本矛盾、发电量下滑与用电需求矛盾。

通过对越南头顿光伏项目的走访调研、观察思考以及数据分析得出，领导者应当接纳并整合相矛盾的力量，实现矛盾双方的相互强化。本书将挖掘中国外派管理者如何在海外项目团队遭遇跨文化冲突时使用有效兼顾矛盾双方的悖论领导行为。因此，悖论视角是解决跨文化冲突和矛盾的最佳选择，在面对越南头顿光伏项目中重点冲突和矛盾时，应当采取以下应对策略（表 3-8）：既能依据项目合同全面重视东道国的合规（法律法规）风险，又能抓住市场机遇；既能全面防范外汇风险发生时可能带来的损失，又能善于把握可能的盈利；既能遵守东道国劳工法律及政策的硬性要求，又能兼顾宗教信仰与企业文化的柔性关怀；既能尽量避免语言理解偏差，又能考虑本土语言的特殊情境化语意；既能克服当地自然及气候环境的艰苦条件，又能根据情况改善生活和工作环境；既能保障项目正常的建设与运营，又能注重项目周边的生态环境保护与不可抗力因素；既能追求国际项目的合理利润，又能重视项目的进度质量；既能防范发电量下滑，又能保障市场用电需求。

冲突矛盾应对策略 表 3-8

目标层	准则层	矛盾指标层	应对策略
越南头顿光伏项目冲突矛盾评价指标体系与应对策略	政治冲突 X_1	法律合规与市场机遇矛盾 $X_{1\text{-}2}$	既能依据项目合同全面重视东道国的合规（法律法规）风险，又能抓住市场机遇
	经济冲突 X_2	汇兑与财务矛盾 $X_{2\text{-}2}$	既能全面防范外汇风险发生时可能带来的损失，又能善于把握可能的盈利
	社会冲突 X_3	企业文化与宗教信仰矛盾 $X_{3\text{-}2}$	既能遵守东道国劳工法律及政策的硬性要求，又能兼顾宗教信仰与企业文化的柔性关怀
		语言沟通矛盾 $X_{3\text{-}3}$	既能尽量避免语言理解偏差，又能考虑本土语言的特殊情境化语意
	自然冲突 X_4	气候变化与项目适应性矛盾 $X_{4\text{-}1}$	既能克服当地自然及气候环境的艰苦条件，又能根据情况改善生活和工作环境
		环境保护与项目建设矛盾 $X_{4\text{-}2}$	既能保障项目正常的建设与运营，又能注重项目周边的生态环境保护与不可抗力因素
		项目运营与不可抗力矛盾 $X_{4\text{-}3}$	
	技术冲突 X_5	施工质量与施工成本矛盾 $X_{5\text{-}2}$	既能追求国际项目合理利润，又能重视项目的进度质量
	运营冲突 X_6	发电量下滑与用电需求矛盾 $X_{6\text{-}2}$	既能防范发电量下滑，又能保障市场用电需求

从分析结果来看，在外派管理者的选拔和培训过程中，需要提前将国际项目主要的冲突矛盾进行梳理，使用“既能……又能……”动态协同的悖论领导方法，可有效预防和化解中国海外项目团队面临的各种冲突风险。因此，这种“两者兼而有之”的悖论领导行为是中国海外项目团队“及时止损”的重要领导方式，开发中国海外项目经理悖论领导行为的测量工具，对中国外派项目经理具有重要的实践价值。

3.3 理论基础与概念界定

3.3.1 中庸哲学基础

《中庸》言:“致中和，天地位焉，万物育焉”“万物并育而不相害，道并行而不相悖”。其含义是在达到中和的条件下，从全局出发实现天地物的和谐共处与繁荣生长。其本质精髓是：执两端而允中（杨中芳，2001）。“中庸之道”即万事万物应遵循的客观规律，使其保持在一个无过无不及的合理适度范围内，从而达到稳定的发展和存续（朱永新，2012）。通常认为，孔子的“中庸”，主要有“执两用中”“过犹不及”“权变”以及“和”之意（朱永新，1999；朱永新，2012；何香枝，1998；虞杭，2001），同时，由于它涉及“用”时所采取的原则，其优势在处理人际关系和冲突矛盾时尤为凸显。由此，特别是在矛盾的两方面呈现强烈对比并且置于复杂多变情境中，“以和为贵”的和谐处理方式更为珍贵。

“悖论”指既联系又矛盾的要素，各自相互孤立时似乎合乎逻辑，但在一起出现时可能是对立不合理的，在组织的运作及发展中无处不在（Lewis，2000）。东方对待悖论的方法是拥抱、整合与辩证统一，传统中庸哲学理论以事物相克相生的管理方法为基石，联结悖论对立面的内生互补关系来解决矛盾。在中国外派项目经理带领海外多文化团队时，由于存在不同的价值选择，将会面对不少冲突与矛盾。在处理管理悖论中，中庸哲学所倡导的“两者兼顾”或许可以提供一套优于西方“两者选其一”的解决之道。在处理跨文化冲突时，需从全局出发，统筹兼顾事物的两个极端，找到平衡，力求公平公正。在带领跨文化团队处理人际关系方面，“中庸”指引，隐恶扬善，执两用中，激人向善，凝聚人心，保持和谐氛围（张德等，2015）。

因此，基于中庸哲学理论的整体视角，领导在处理矛盾时应支持对立的力量并利用悖论之间相互持续的紧张关系，使组织不仅能够生存，而且不断持续改进（Smith & Lewis，2011）。超越西方孤立矛盾双方，假设一方“是”则另一方即“非”（either…or），采取两者选其一的“要么—要么”权变观点，倡导组织结构中的二元性并不是绝对分离的（both…and），而是采取“同时—和”的整体视角。由此，本书认为中国外派项目经理采取“两者兼而有之”的悖论领导行为能够更合理地处理跨文化冲突与矛盾，从而使中国海外项目团队应对国际市场环境变化不断持续改进，进而更具有国际竞争优势。

3.3.2 概念界定

本书的首要目标是界定中国海外项目经理悖论领导行为的概念内涵。依据现有研究，Zhang 等（2015；2019）将“悖论领导行为”（PLB）概念分为两种，即人员管理中的悖论领导行为（Paradoxical Leader Behaviors in People Management：PLB-PM）和企业长期发展中的悖论领导行为（Paradoxical Leader Behaviors in Long-term Corporate Development：PLB-CD）。其中，人员管理中的悖论领导行为针对基层领导者，此时面临的悖论是需要同时满足组织结构需求和下属个体需求的竞争性关系，PLB-PM 界定为领导者使用看似竞争又彼此关联的行为，同时或随时间推移满足组织及员工的多元主体需求（Zhang et al.，2015）。企业长期发展中的悖论领导行为针对高层管理者，此时面临的悖论是要满足企业长期发展中的竞争性需求，PLB-CD 被定义为领导者使用看似竞争又彼此关联的行为，随时间推移或同时满足企业在发展中产生的竞争性需求（Zhang & Han，2019）。基于以上论述，本书认为中国海外项目经理悖论领导行为（Paradoxical Leader Behaviors in Cross Cultural Management：PLB-CM）主要针对中国外派项目经理，此时面临的悖论是中国企业项目团队在海外发展中的竞争性需求。具体探讨其在项目所在国如何领导多元化团队，实现中国海外项目团队从前期项目顺利开发到后期项目稳健运营的目标。因此，本书将中国海外项目经理悖论领导行为（PLB-CM）定义为：在跨文化管理中，领导者采用看似竞争却相互关联的行为，同时或随时间推移满足中国企业项目团队在海外发展中的竞争性需求（表3-9）。

悖论领导行为研究　　表3-9

悖论领导研究领域		对象	面对的悖论	定义内涵
人员管理中的悖论领导行为	Paradoxical Leader Behaviors in People Management，PLB-PM	基层领导者	满足组织结构需求和下属个体需求两种竞争性需求	领导者使用看似竞争又彼此关联的行为，同时或随时间推移满足组织及员工的多元主体需求
企业长期发展中的悖论领导行为	Paradoxical Leader Behaviors in Long-term Corporate Development，PLB-CD	高层管理者	满足企业发展中的竞争性需求	领导者使用看似竞争又彼此关联的行为，同时或随时间推移满足企业在发展中产生的竞争性需求
中国海外项目经理悖论领导行为	Paradoxical Leader Behaviors in Cross Cultural Management，PLB-CM	中国外派管理者	中资企业项目团队在海外发展中的竞争性需求	在跨文化管理中，领导者采用看似竞争却相互关联的行为，同时或随时间推移满足中国企业项目团队在海外发展中的竞争性需求

资料来源：基于相关文献整理。

基于中庸哲学理论的中国海外项目经理悖论领导行为具有以下四个方面的原则特性（图3-1）：

第一，“执两用中”的整体原则——全面性。从全局把握事物的本质，树立整体的认知观。国际工程项目具有复杂性和不确定性，由此带来高风险与冲突的可能性，面对复杂的国际市场环境，中国外派管理者应从整体视角出发，接纳并整合相互矛盾的力量，发挥矛盾两端的协同效应——“执其两端，用其中于民”（《中庸》）（王甦，1990）。因此，“执两用中”是领导者面对跨文化矛盾采取“两者兼而有之”的整体性原则的具体体现。

第二，“过犹不及”的适度原则——适度性。中庸之道倡导适度原则，反对“过”

与“不及”。指导人们做事情，只有选择合适的标准才能实现至德的中庸（朱永新，2012）。同时，合理与标准是具有情境条件限制的，当一种标准不再合情合理时，就不能再将它作为“中”的标准。外派项目经理需要在不断动态、复杂、多变的海外环境中协调各因素之间的适度标准，通过矛盾双方平衡共存之“度”的拿捏，来维持国际工程项目动态平衡发展。

第三，“权损益”的权变原则——变通性。孔子曰：“可与共学，未可与适道；可与适道，未可与立；可与立，未可与权”（《论语·子罕》）（朱永新，2012）。强调在实践中处理问题要灵活并能创造性地解决矛盾，即“通权达变”。外派项目经理需要在合法合规的前提下，以灵活性与创造性的方式解决冲突矛盾，遵循国际工程项目投资、建设、运营等环节的客观规律，以“通权达变”的权变原则，化解风险和矛盾，使中国海外项目建设不断改进从而提升其国际竞争优势。

第四，“和而不同”的和谐原则——和谐性。中庸的内在追求是天地万物的和谐，悖论和谐统一的表面状态下也蕴含着中庸的理性精神。在带领多文化团队过程中，外派项目经理需尊重本土员工的利益诉求，积极引导成员通过团队合作完成工作任务，从而营造和谐的组织氛围。因此，中国海外项目经理悖论领导行为是以和谐的方式处理矛盾与冲突，达到“和而不同”的相处目标，实现张力间的和谐相处与共同繁荣。

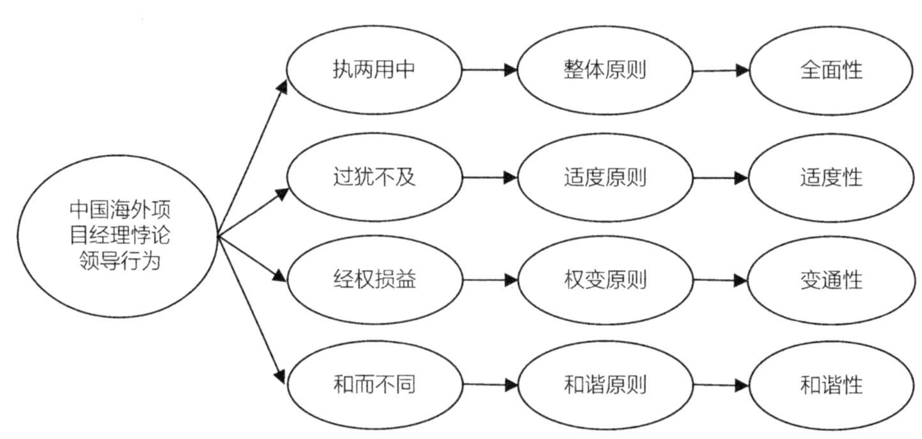

图 3-1　中国海外项目经理悖论领导行为的原则与特性

3.4　本章小结

本章主要介绍中国海外项目经理悖论领导行为的涌现过程，以越南头顿光伏项目实践调研为基础。经过数据的收集和分析，系统梳理出越南头顿光伏项目冲突矛盾评价指标体系，并提出中国外派管理者需要采取“两者兼顾”的悖论领导策略，联结悖论对立面的内生互补关系来解决矛盾。并以中庸哲学理论为基础，指导跨文化悖论领导行为的概念界定与原则特性。基于跨文化冲突的实践调研与中庸哲学理论的整体视角，领导在处理矛盾时应支持对立的力量并利用悖论之间相互持续的紧张关系，使组织不仅能够生存，而且可以持续改进（Smith & Lewis，2011）。超越西方孤立矛盾双方，采取整体视角。由此，本书认为中国外派项目经理采取“两者兼而有之”的悖论整合行为能够更合理地处理跨文化冲突与矛盾，从而使中国海外项目团队应对国际市场环境变化持续改进，进而更具有国际竞争优势。

以实践调研的数据整理和现有两种悖论领导行为（Zhang et al.，2015；2019）的剖析为基础，本章将中国海外项目经理悖论领导行为（PLB-CM）定义为：在跨文化管理中，领导者采用看似竞争却相互关联的行为，同时或随时间推移满足中国企业项目团队在海外发展中的竞争性需求。基于中庸哲学理论，该领导行为具有：“执两用中”的整体原则——全面性、“过犹不及”的适度原则——适度性、“经权损益”的权变原则——变通性、“和而不同”的和谐原则——和谐性。为后续研究的开展奠定了坚实的理论基础。经过以上研究与探索，本章做出以下两方面研究贡献：第一，丰富中国外派项目经理跨文化领导行为的内涵。已有研究尚未涉及跨文化管理中的悖论领导行为，本书尝试对中国海外项目经理悖论领导行为的内涵进行界定，并对其结构进行探索性研究，为今后发展中国家的跨文化领导力的研究与实践奠定理论基础。第二，转换悖论领导行为的研究视角。从以往跨文化适应性和跨文化胜任力等领导能力视角探讨跨文化领导力问题转换至从中国传统文化的悖论视角出发探讨国际化领导力问题。

第 4 章　基于扎根理论的中国海外项目经理悖论领导行为结构维度及理论框架

4.1　研究目的

悖论视角是解决跨文化冲突和矛盾的最佳选择，但目前现有的悖论领导行为集中在普通人员管理和高层管理两个领域，跨文化管理领域中面对的矛盾和悖论与现有悖论领导行为研究截然不同，学者们一直呼吁对跨文化管理中的悖论领导行为进行开发与研究（Zhang et al., 2015）。国外现有关于跨文化领导力的研究大多关注“发达世界”（Aycan，2004；Sinha，2003；Sinha，2004；Antonakis et al.，2004），研究对象也多聚焦于发达国家外派管理者，缺乏中国外派管理者领导行为的研究与应用（Wang，2016）。中国对外投资的组织形式主要为项目团队，因此，选取中国海外项目团队中的领导者——外派项目经理为研究对象具有代表性。从悖论视角出发，探究外派项目经理跨文化领导力的结构维度以及理论框架，俨然成为挖掘、发展具有中国本土特色跨文化领导力的一个有价值的突破口。

本书通过对跨文化情境中悖论领导行为的关注和思考，试图探索中国海外项目经理的悖论领导行为特征和结构，并提出理论框架。为后续中国海外项目经理悖论领导行为测量工具的开发奠定扎实的理论基础。

4.2　中国海外项目经理悖论领导行为的扎根理论研究过程

4.2.1　扎根理论研究方法

质性研究方法在社会科学领域获得广泛的应用，在过去的四十多年中，作为一套完整和独立的研究方法论，其中包括：现象学、言语分析法、观察法、民族志、质量生态学以及扎根理论六种具体的质性研究方法（卡麦兹，2009）。虽然质性研究长期以来从“理论与方法关系不明、方法论与研究技术脱钩、逻辑系统不严密”等方面饱受质疑（吴肃然等，2018），但是扎根理论研究方法（Grounded Theory）由于主要使用质性资料，又具备灵活、丰富便于收集资料等特点（陈向明，1996），给出了相应的解决路径，被誉为20世纪末“应用最为广泛的质性研究方法”（Denzin & Lincoln，1994），成为除民族志外最具影响力的质性研究方法。但严格意义来讲，扎根理论是一种研究方法论，因为它为研究者提供了一整套从识别研究问题、信息数据收集与分析，理论生成与构建的完整的程序与方法（王璐和高鹏，2010）。

早在1967年，“扎根理论”这一新词便由Barney Glaser和Anselm Strauss两位美国学者带入社会科学研究，在二人合著的《扎根理论的发现：质性研究的策略》一书中体现。伴随后期对扎根理论的不断深入和发展，最终形成了基于三种不同认识论视角的扎根理论学派：经典扎根理论以Barney Glaser为代表、程序化扎根理论以Anselm Strauss为代表、建构型扎根理论以Kathy Charmaz为代表。经过不断发展，扎根理论研究方法被应用于社会科学研究中的诸多领域（费小冬，2008），其系统性、规范性和科学性也不断提升，三种扎根理论研究方法如下：

（1）Barney Glaser为代表的经典扎根理论学派源于实证主义认识论。经典扎根理论将研究者作为创造者，研究中回答“为什么”的问题，在研究过程中强调研究者的客观与中立立场，不受以往理论文献的局限，在资料和数据进行收集和分析之后再进行文献回顾，研究过程中强调数据“说话”，强调理论是自然涌现的结果。分为开放性、选择性和理论编码三个层级，通过对数据的逐层编码整理、分类、整合，逐渐发现抽象理论。然而，现实中研究者无法做到完全的中立和客观。

（2）Anselm Strauss为代表的程序化扎根理论学派基于解释主义认识论。程序化扎根理论将研究者视为创造者，回答“怎么样”的问题，强调因果假设逻辑。编码过程具体分为开放性编码、主轴编码和选择性编码三个阶段，文献回顾贯穿于整个研究过程，加入了研究者的主观感知对现象的理解（Corbin & Strauss，1990），强调研究者的能动性。形成了“因果条件→现象→脉络→中介条件→行动策略→结论”的典范模型，程序化扎根理论因为有了典范模型程序规范、易于掌握和应用，而成为最广泛应用的一种扎根理论范式（费小冬，2008）。但是其程序固化的特征，也会在研究过程中出现核心研究资料被忽略的可能性。

（3）Kathy Charmaz为代表的建构型扎根理论学派基于建构主义认识论。Charmaz吸收了经典扎根理论中编码迭代的方法和程序化扎根理论中的因果假设逻辑，形成了建构型扎根理论，是研究者参与实践情境，用独特的研究视角与研究对象和实践情境产生相互作用从而建构独有的扎根理论（贾旭东和衡量，2020）。建构型扎根理论回答“是什么”以及“怎么样”的问题，文献回顾贯穿于整个研究过程，Kathy Charmaz 认为，现实中不存在完全客观的理论，理论应是由研究者主观思考生成。因此，理论生成的过程是通过研究者、对象、资料相互作用而产生的结果。建构型扎根理论包含初始、聚焦、轴心和理论四级编码。

为了对三种扎根理论学派进行更加直观的理解，现将三种扎根理论研究方法进行对比，如表 4-1 所示。

扎根理论研究方法论对比　　表 4-1

条目		经典扎根理论	程序化扎根理论	建构型扎根理论
代表人物及年限		Glaser（1978）	Strauss（1987）	Charmaz（2000；2006）
本体论		现实主义	现实主义	现实主义
认识论		实证主义	解释主义	建构主义
方法论	目标	发现抽象理论	发现中层理论	建构中层理论
	侧重点	客观实在性	主观能动性	客观＋主观
	研究者立场	创造者	观察者	参与者
	理论初衷	客观独立存在	一切皆场景	建构理论
	问题形式	“为什么”	“怎么样”	“是什么”＋“怎么样”
	编码层级	开放性编码 选择性编码 理论编码	开放性编码 主轴编码 选择性编码	初始编码 聚焦编码 轴心编码 理论编码
		三级编码	三级编码	四级编码
	理论形成	自然涌现（一切皆为数据）	特定框架下进行质性分析的结果	互动生成（研究者＋研究对象＋研究资料）
	文献角色	数据分析后	贯穿研究过程	贯穿研究过程
	理论呈现形式	18 种基模的理论呈现	“6c”因果关系	理论性编码

注：根据文献（Matteucci & Gnoth，2017；吴肃然和李名荟，2020；贾旭东和衡量，2020）整理。

中国学者贾旭东对各学派扎根理论研究方法进行了适度的创新和完善，以建构型扎根理论为核心思想，以“扎根精神”为重要内容，并吸收经典扎根理论和程序化扎根理论的精髓，将科学严谨的数据处理方式和因果关系推导工具相结合，发掘了适用于中国本土管理领域构建理论的研究范式（贾旭东和衡量，2016）。

本章遵循 Charmaz 的建构型扎根理论，选用初始、聚焦、轴心和理论四级编码的方式对数据展开剖析，逐步构建中国海外项目经理悖论领导行为的相关理论。

4.2.2　研究方法与设计

为进一步厘清中国海外项目经理悖论领导行为的结构维度，从中探索其前因与影响机制，本书采用建构理论的方法论——建构型扎根理论，通过对数据进行收集、整理、编码、迭代等流程，进而构建理论模型。具体研究流程如下。

1. 产生研究问题

本书从国际工程项目中经常出现的冲突与矛盾入手，经过对跨文化管理中的领导者进行访谈和资料文献的对比研究，将中国海外项目团队所遇到的冲突带入跨文化情境中加以研究，发现“既能……又能……”的领导行为是中国外派管理者在跨文化工作情境中通过相互联系寻找矛盾冲突相容的有效方法，适宜使用扎根理论进行理论构建。建构型扎根理论是指：研究人员是主体和客体的结合，基于亲身经历、参与实践以及了解他人观点进行总结，通过编码将过去和现在进行对话，实现理论建构（贾旭东和谭新辉，2010）。因此，本书遵循建构型扎根理论的研究范式展开质性研究。

2. 调研访谈与数据收集

为最大限度获取跨文化冲突的相关数据，本书采用一手数据和二手数据相结合的方式对数据进行收集整理。一手数据采用半结构访谈的方式，围绕“国际工程项目矛盾冲突”主题进行收集，二手数据主要来源于文献资料、新闻公众号、书籍专著等。数据收集过程如下：首先，回收并整理出常规数据。其次，按照“最大差异信息饱和法”（贾旭东和谭新辉，2010），利用随机抽样法进行调研对象的选择。最后，展开深度访谈，直到有效信息饱和，即受访者无法提供对研究具有意义的新数据为止。

3. 数据处理与分析

本书采用理论抽样法和持续对比法（Charmaz，2014），对收集的数据进行初始→聚焦→轴心→理论编码四级步骤处理，探索中国海外项目经理悖论领导行为的具体条目及维度。根据初始数据，针对其前因及影响进行聚焦、轴心编码，分析其内在逻辑关系。

4. 理论建构

本书遵循建构型扎根理论，进行逐级编码，研究数据分别抽象出：风险与机遇、利润与价值、组织规范性与灵活性、本土化特殊性与国际化普遍性四类看似相互矛盾却又相互联系的紧张关系。通过往复对比、迭代的原则，为确保跨文化悖论领导行为初始理论达到饱和，将其关键范畴与现有研究以及所收集数据反复对比。基于概念内涵、结构维度的确立，本书逐步探索出跨文化悖论领导行为的形成与作用机制模型。

4.2.3 研究对象

本章数据收集的核心部分是对20位中国外派项目经理的半结构访谈（表4-2），其中15位外派项目经理的访谈数据用于理论建构，剩余5名国际工程项目专家（外派工作经验在15年以上并具有高级职称）的访谈数据用于理论饱和度检验，以提高数据的信度、效度。

被访者信息栏　　表4-2

特性	类别	样本人数	所占比率	参与过项目所在地
性别	男	16	80%	印度尼西亚、柬埔寨、老挝、泰国、越南、巴基斯坦、约旦、俄罗斯、缅甸、埃塞俄比亚、卢旺达、菲律宾、赞比亚、马维拉、新加坡、喀麦隆、罗马尼亚、斯里兰卡、土耳其、孟加拉国、哈萨克斯坦、乌克兰、白俄罗斯、乌兹别克斯坦等25个国家和地区
	女	4	20%	
年龄	30～40岁	7	35%	
	41～50岁	8	40%	
	51岁及以上	5	25%	
教育背景	专科	2	10%	
	本科	8	40%	
	硕士研究生	9	45%	
	博士研究生	1	5%	
外派工作年限	10年及以下	9	45%	
	11～15年	6	30%	
	16～20年	2	10%	
	21年及以上	3	15%	

4.2.4 研究过程

1. 数据收集

通过质性研究法的使用，在调研人员能力所及范畴内对外派管理者的悖论领导行为的概念内涵、结构维度进行初步挖掘，通过一手实地源（半结构化深度访谈、调查问卷等）和二手文献源（现有文献著作、新闻专栏、论坛公众号等）收集外派项目经理悖论领导行为的表现。具体操作如下：

第一，梳理出上述文献和专著（李英和罗维昱，2014；王福俭，2015；傅维雄，2020）中对国际工程项目管理风险与冲突的种类条目描述适用于中国外派项目经理在跨文化管理中的悖论行为表现，共计32个条目，并使用双边设计测量题目(Double—Barreled Item Design）主要参考Zhang等（2015；2019）在人员管理和企业长期发展中的两种不同悖论领导行为的内涵演变。

第二，通过论坛和公众号搜索“国际工程项目风险”“国际工程项目组内矛盾”“文化冲突”“跨文化悖论”等文章与新闻，共计16例。

第三，为了解现实情境中“一带一路”工程项目本土员工的真实感受，研究人员将“国际工程项目中的冲突与矛盾调查表”(见附录D:半开放式问卷——本土员工）调整好相应的规范格式后译成英文，研究团队成员利用对本土员工开展的技能培训机会，于2018年8～11月在印度尼西亚某海外培训基地进行问卷的发放与回收，共收集半开放式本土有效问卷102份。为保证一手数据的可靠性，与本土员工多次沟通问卷调研的初衷与意图，表明中立的立场和保密原则，让受访的本土员工真实地描述在工作期间所面临的冲突与矛盾。

第四，在2019年12月至2020年8月，选取国内具有代表性的8家跨国公司中的20名国际工程项目经理进行半结构化访谈。访谈前期，由研究人员说明研究的具体背景，并强调访谈内容真实性的重要意义与内容的保密性。由于疫情原因，访谈形式以线上语音交流和微信留言为主，其余少数回国休假的被访者进行了面对面访谈。

本书遵循扎根理论的边收集—边分析—边抽样原则，并使用持续对比法进行迭代，严格遵循最大差异信息饱和原则（潘绥铭等，2010），在确定理论抽样能否满足研究主题需要的同时，不断对数据进行整理—编码—迭代，反复循环进行数据更新。数据收集过程中，研究人员将文献和专著来源数据编码为A，公众号、论坛评论数据编码为B，新闻数据编码为C，本土员工问卷数据编码为D，访谈数据编码为E（其中不同访谈对象用小写字母来区别，并将专家访谈编码为E_a）。

2. 数据分析

数据分析过程遵循建构型扎根范式展开，首先对所收集的数据逐级编码，然后对中国海外项目经理悖论领导行为的维度、形成及影响进行探索。在此过程中，本书对数据的记录主要运用Mindmanager软件，并且同时应用“三角检验法与反馈法”（陈向明，2000），以确保研究的信度和效度。

第一，初始编码。将不同来源的数据内容进行归纳，规范文字内容，并将出现频次高的冲突事件概念化形成矛盾条目，完成初始编码，并记录初始出现的频次。其次借鉴 Thomas 等（2010）的做法，研究小组再次结合中国海外项目经理悖论领导行为的概念和特征进行取舍，对于信息点出现频次少于 5 次，重复性不显著的概念化矛盾条目进行剔除。最终共收集到 102 个跨文化情境下的矛盾条目，部分初始数据编码说明如表 4-3 所示。

初始编码的来源、形成与频次（部分） 表 4-3

来源	原始数据	初始编码	初始频次 n
文献专著	虽然我们对国家风险的了解大多数是从中国企业在境外遭遇的各种风险事件开始的，但并非中国企业会遇到。通常考察发达国家跨文化经营的历史是普遍问题，政权更迭、战争战乱……	A_{a1} 国际市场投资机遇和应对东道国政治与政局风险的矛盾	8
	把握好国际市场机遇很重要，但是汇率风险、经济环境、财政政策、税制、物价上涨、利率等金融风险带来投资失败的案例比比皆是	A_{a2} 考虑东道国的经济与外汇风险与抓住国际市场时机的矛盾	13
	东道国的法律政策包括公司设立、破产保护、法律适用性及冲突、各类纠纷解决等都要从各方面做好功课，防止其对国际市场开发带来的损失	A_{a3} 把握国际市场时机与东道国合规（法律法规）风险之间的矛盾	12
	东道国文化习俗与社会环境等对投资项目前期开发、运营及管理带来负面影响，社会风险是导致社会冲突引发投资失败的关键因素	A_{b1} 东道国的社会文化风险与国际市场投资及项目建设机会的矛盾	11
	东道国的安全风险是指社会自然环境、社会治安环境、安全局势对人身安全和财产造成的不利影响，是影响国际投资失败的重要因素	A_{b2} 重视市场投资机遇与东道国的安全风险的矛盾	13
	外部所渲染的“中国威胁论”也给中国企业境外投资造成了一定的影响，尤其是环境威胁论与经济威胁论，给“走出去”的中国企业造成很多麻烦……	A_{c1} 勇于开拓国际市场和贸易保护主义与中国威胁论之间的矛盾	6
	中国的对外直接投资规模在一定程度上被高估……而国有企业尤其是央企的海外投资则大部分集中在不发达国家和发展中国家的能源和资源领域……投资国际形象欠佳，投资的失败率较高以及国企投资的风险较大……	A_{c2} 开拓国际市场及评估企业能力与竞争力之间的矛盾	5
	国际项目执行中对进度要求非常高，必须在合同日期前完工，同时也会给质量带来风险……在确保工程成本、质量、进度的情况下，推进中国技术、标准的知名度，提高总承包商话语权……	A_{d20} 保证国际项目的进度与成本和质量之间的矛盾	10
	……		

续表

来源	原始数据	初始编码	初始频次 n
论坛/公众号	在国际项目投资阶段，前期法律尽职调查不全面所造成的法律风险，最好的解决方式就是购买必要的国际保险来降低风险造成的损失。但是国际保险的成本占据项目支出不少一笔费用……	B_1 投资前期尽职调查与国际保险之间的矛盾	11
	中方企业在项目中使用了世界领先技术和优质材料，很好实现了保护生态环境的目标。中方愿与阿方不断扩大在阿光伏发电领域的合作	B_2 平衡履行好对当地的社会责任和追求项目的合理收益之间的矛盾	13
	特立尼达和多巴哥罗克斯伯勒医院举行开业典礼，标志着为构建人类卫生健康共同体贡献了铁建力量。该国总理基思· 罗利出席开业典礼，盛赞中国铁建的效率和标准……	B_3 解决克服当地医疗卫生匮乏状况又要达到国际化基本医疗服务水平之间的矛盾	15
	中国在阿尔及利亚建成的特莱姆森酒店，仅用一年半的时间。克服物资短缺、东道国制度流程缓慢等不利条件，酒店被该国总统所称赞……项目建设之初，中国标准并不被看好，安哥拉认可欧洲标准……然而中国标准以其快速的适应性、高效的工程建设能力获得东道国的认可	B_4 自然环境及气候环境的艰苦条件和营造现代化水平的居住和办公环境之间的矛盾	14
	中方企业在项目中使用了世界领先技术和优质材料，实现了保护生态环境的目标。中方愿与阿方不断扩大在阿根廷光伏发电领域的合作……	B_5 平衡项目周边生态环境保护与投资利润之间的矛盾	12
	商务部和生态环境部近期联合发布的《对外投资合作绿色发展工作指引》鼓励中国企业将绿色发展融入对外投资全过程。如果东道国的相关标准过低，企业应采用“国际组织或多边机构通行标准或中国标准”	B_6 把握合理利润与环保要求之间的矛盾	13
……			
新闻	以越南永新电厂为例，×× 局自项目开工两年以来，雇佣的管理人员和劳务人员的比例占到员工总数的一半以上……注重中越团队融合，创造性地使用中建电力中籍核电班组 + 越南小班组的劳动力组织模式，项目属地化管理效应初步显现……公司总部秉持本土化用工，在土库曼斯坦、伊拉克等海外项目现场筹建适合本土员工的人才培养基地……	C_1 解决好本土员工的利益及诉求与文化团队的人际关系和谐（融合）之间的矛盾	15
	工程承包是一项面向“未来产品”的交易活动……国际工程风险大，更需要有效的风险管理。作为一个有经验的承包商，具备强有力的风险策略机制，将成为项目成败的关键……	C_2 规范购买国际保险的成本与未投保造成的损失之间的矛盾	12
	为迎接节日来临，项目部提前策划、精心准备……为配合项目防疫举措，项目部在室外宽敞通风处铺置地毯，方便外籍职工节日祈祷。项目部向外籍员工、驻地警察表示慰问，对他们疫情期间依然坚守岗位的奉献精神表示敬意……外籍员工为项目各项目标的顺利实现积极贡献力量	C_3 把握东道国劳工法律及劳工政策的硬性要求与兼顾宗教信仰与企业文化的柔性关怀之间的矛盾	6
……			

续表

来源	原始数据	初始编码	初始频次 n
本土员工问卷	我在控制室里面工作，但是很少上手操作，都是在中国师傅的帮助和指点下来做，因为没有自信把这么高技术的工作做好，万一出现事故麻烦就大了，上了一年多的班，还是这个状态	D_1 本土员工大多数不能胜任工作岗位与工作任务紧张之间的矛盾	10
	语言很难，我们的母语虽然是英文但是有些同事是爪哇群岛那边来的，他们有自己当地的语言……但是我们说的英文和中国管理者说的英文还是不一样，对方都要听好久才能明白意思	D_2 本土语言、英语官方语言以及中文之间转换产生的交流理解困难的矛盾	13
	我们上班需要祷告，项目地的中国管理者给我们修建了印度教的小庙，还有祷告室，就在工作间旁边，很方便……很感谢中国管理者给我们带来的方便，但是这样，我们也会很不好意思，也很怕公司对我们有意见	D_3 文化习俗与工作制度之间的矛盾	9
	学习了很久的专业技能……说明书都是中文的，我们看不懂，只能去问翻译，但是有些很特别的词语也翻译不准，不是很明白，觉得工作很难……	D_4 语言与沟通交流之间的矛盾	6
……			
访谈	项目在当地运营过程中，政策一年一变化，所以必须实施项目内部的动态化管理……印尼是多岛屿国家，每个地区的政策条件都不一样，所以要向合规发展，避免被当地政府抓到“小辫子”，这就要灵活管理……	E_{a1} 把握内部项目动态化管理与外部东道国的政策变化之间的矛盾	13
	某些国家执行的技术标准不同，如果技术欠缺，就需要找匹配的公司进行合作。西方发达国家的项目上，东道国对于技术的要求标准，中国目前不具备，没有参与项目投标的资格……	E_{a4} 解决项目所在国的技术标准匹配要求与国际技术标准之间的矛盾	10
	项目的运转需要多部门的协调和合作，境外项目不仅涉及跨部门且有本土员工的参与，也涉及跨文化协同的问题，但是合作是需要的，部门的独立性也很重要……独立性和合作之间要平衡……	E_{b1} 协调独立性和跨文化部门间的协作沟通的矛盾	14
	中方人员的国际派遣补助较高，并且都很专业，本土员工从零起步，经过一段时间的实习也很难上岗，这样就存在薪酬差异的问题……项目的实施竞聘上岗制度，能力要求达标了就能得到相应岗位的薪酬，所以薪酬差异问题也就解决了……竞聘标准是一样的，体现了用平等的方式对待员工……	E_{b2} 解决薪酬福利方面既考虑多文化团队中员工的差异性和员工平等之间的矛盾	16
	……要想避免工作上的失误或者避免外派失败，一定做好个人的职业生涯规划，职业发展前期，我的很多同事很难适应外派工作，不得不中途回国，这给项目带来的损失也是巨大的……将自己的职业生涯规划嵌入项目团队中，找到个人和团队发展的契合点，才能保持多元团队稳定性……	E_{c3} 把握个人的职业生涯规划与多文化团队的定位和发展之间的矛盾	7

续表

来源	原始数据	初始编码	初始频次 n
访谈	国际项目上的突发状况多……雨季经常有洪水，现在又加上疫情给项目地管理带来了很大的考验。我还经历过在南苏丹项目的绑架事件……突发事件和灾害，要求在很短的时间内得到决策和解决……就非常考验项目经理的经验和能力了，也是非常具有挑战但又不可避免……	E_{d1} 把握审慎决策过程与灵活地应对国际项目的突发状况之间的矛盾	12
	我们吃住都在项目上，所以上班和生活的界限不是很明显，领导晚饭后回到办公室加班的情况很常见……本土员工这方面和中方员工有差别了，上班就是上班，下班就不再接电话了……维护团队员工的身心健康，工作和生活的平衡都很重要，但是不能两全呀……	E_{d2} 平衡好工作和生活之间的冲突和矛盾	11
	中国的一个基金在海外做个生物质的项目，前期的尽职调查中委托国内比较著名的律所或者会计师事务所在当地代理可以进行避税，而且对投资过的税务政策非常熟知，也可以避免双重征税的问题	E_{f2} 平衡当地的税收政策与企业的纳税筹划之间的矛盾	9
	建设期本土人员少，但是到运营管理期中方员工撤不回来，主要因为本土员工技能达不到，中方只能“留守”管理，移民局对外国劳工的工作准证管理非常严格，本土人员的配比……毕竟中方工程师的成本很大……增加本土用工不但可以减少成本而且可以尽到社会责任、改善民生等，但是本土用工风险也很大……	E_{f3} 平衡本土用工的劳务风险与本土经营社会责任之间的矛盾	15
……			

注：初始编码板块中的下角标表示在国际工程项目中的角色，如：E_a 投资方，E_b 承包商，E_c 运营方等。E_{c3} 表示 c 访谈对象提到的第 3 个跨文化情境下的矛盾。初始频次表示在原始数据来源（文献专著、论坛 / 公众号、新闻、本土员工问卷、访谈）范围内所出现的频次。

第二，聚焦编码。本书邀请两位国际项目工程专家和 3 位博士一起参与讨论，围绕中国海外项目经理悖论领导行为主题，研究人员对初始编码数据对偶矛盾条目进行进一步精简，将出现频次较高、特征明显的条目概念化。在国际工程专家的指导下进行了编码整理和归纳，确保精简和保留下来的条目能够准确反映跨文化管理中的冲突和矛盾，从悖论视角出发，管理者采取“既能……又能……”的两者兼顾的行为，实现矛盾双方协同效应，最终形成概念化聚焦编码双向条目 25 条（表 4-4）。

聚焦编码及最终频次　　表 4-4

编号	聚焦编码	频次
G_1	既能依据项目合同全面重视东道国的社会环境，又能抓住市场机遇	23
G_2	既能依据项目合同全面重视东道国的文化习俗风险，又能抓住市场机遇	24
G_3	既能依据项目合同全面重视东道国的合规（法律法规）风险，又能抓住市场机遇	20
G_4	既能依据项目合同全面重视东道国的公共安全风险，又能抓住市场机遇	21
G_5	既能依据项目合同合理全面评估企业能力与竞争力，又能抓住市场机遇	15
G_6	既能通过全面的合同管理避免索赔风险，又能有准备地进行反索赔	11
G_7	既能追求国际项目的合理利润，又能重视国际项目的进度和质量	21
G_8	既能追求国际项目的合理利润，又能履行好对当地的社会责任	20
G_9	既能追求国际项目的合理利润，又能达到东道国的环保要求	19
G_{10}	既能保障项目正常的建设与运营，又能注重项目周边的生态环境保护	20
G_{11}	既能控制海外原料及产品供应的成本，又能实现国际项目的价值最大化	13
G_{12}	既能全面合规防范外汇风险，又能灵活把握盈利的可能性	21
G_{13}	既能规范控制国际保险的投入，又能最大范围减少国际项目风险造成的损失	23
G_{14}	既能控制本土用工的劳务风险，又能更好履行本土经营的社会责任	20
G_{15}	既能强调项目审慎的决策过程，又能机动地应对国际项目的突发状况	21
G_{16}	既能合理优化内部项目动态化管理，又能顺应外部东道国的政策变化	25
G_{17}	既能遵守当地的税收政策，又能灵活进行企业的纳税筹划	13
G_{18}	既强调工作规章制度的规范，又考虑本土员工文化习俗差异	12
G_{19}	既能遵守东道国劳工法律及政策的硬性要求，又能兼顾宗教信仰与企业文化的柔性关怀	11
G_{20}	既能适应当地医疗卫生条件的情况，又能积极推进卫生建设满足国际化基本医疗服务水平	26
G_{21}	既能适应当地的自然及气候环境，又能根据情况营造国际化水平的居住和办公环境	21
G_{22}	既能尊重本土员工的利益与诉求，又能维护多文化团队的人际关系和谐	23
G_{23}	既能在薪酬福利方面考虑多文化团队中员工的差异性，又能以公平的方式平等对待员工	24
G_{24}	既能强调部门的独立性与差异性，又能注重跨文化部门间的协作沟通	21
G_{25}	既能要求员工有工作的个体目标，又能符合多文化工作团队的集体目标	9

第三，轴心编码。研究人员将高频条目作为核心范畴进行梳理，并围绕核心范畴进行轴心编码。本书围绕构建“跨文化悖论领导行为的内涵、维度、形成与影响机制”展开，跨文化管理中的悖论领导行为是领导者采用看似竞争却相互关联的行为，悖论的“主轴”即风险与矛盾，轴心编码阶段既要体现兼顾矛盾双方的特征，又要

凸显国际项目管理中悖论不同于一般工程项目风险与矛盾的特征。因此，在进行轴心编码时，核心是围绕当前研究结果，提升概念抽象性（曹元坤等，2019）。最终通过凝练与迭代，将 25 个核心范畴凝练为跨文化悖论领导行为的 8 个主范畴 H1—H8：社会文化与合规安全风险、技术经营风险、合同利润风险、合理利润与成本管控、内部规范性与外部不确定性矛盾、标准化与变通性矛盾、本土特殊性与国际化标准的矛盾、个体特殊与集体和谐的矛盾（表 4-5）。因此，将以上主范畴归纳聚合后有利于探索中国海外项目经理悖论领导行为形成特征的范畴化及其结构维度。

第四，理论编码。凝练主范畴开展理论编码，将数据抽象化与理论化。研究人员对 8 个主范畴进一步深入剖析后发现，H_1 与 H_2 两个主范畴可归纳为 I_1 "风险与机遇"；H_3、H_4 两个主范畴可归纳为 I_2 "利润与价值"；H_5 与 H_6 两个主范畴可归纳为 I_3 "规范性与灵活性"；H_7 与 H_8 两个主范畴可归纳为 I_4 "本土化特殊性与全球化普遍性"（表 4-5）。Zhang 等（2015）关于人员管理中悖论领导行为研究结果在很大程度上反映了中国特有的整合矛盾对立面和实现积极从属关系的方法，但却未能探索悖论领导行为（PLB）在跨文化情境下是否有效，以及此时领导者应对管理悖论时是否表现不同的行为。而跨文化悖论领导行为（PLB-CM）可能会对在复杂、动态环境中应对不同跨文化悖论，整合矛盾双方竞争性需求时所表现出不同以往的悖论领导行为进行补充。

聚焦→轴心→理论编码　　表 4-5

编码	聚焦编码	轴心编码	理论编码
G_1	既能依据项目合同全面重视东道国的社会环境，又能抓住市场机遇	H_1 社会文化与合规安全风险	I_1 风险与机遇
G_2	既能依据项目合同全面重视东道国的文化习俗风险，又能抓住市场机遇		
G_3	既能依据项目合同全面重视东道国的合规（法律法规）风险，又能抓住市场机遇		
G_4	既能依据项目合同全面重视东道国的公共安全风险，又能抓住市场机遇		
G_5	既能依据项目合同合理全面评估企业能力与竞争力，又能抓住市场机遇	H_2 技术经营风险	
G_6	既能通过全面的合同管理避免索赔风险，又能有准备地进行反索赔	H_3 合同利润风险	I_2 利润与价值
G_7	既能追求国际项目的合理利润，又能重视国际项目的进度和质量		

续表

编码	聚焦编码	轴心编码	理论编码
G_8	既能追求国际项目的合理利润，又能履行好对当地的社会责任	H_4 合理利润与成本管控	I_2 利润与价值
G_9	既能追求国际项目的合理利润，又能达到东道国的环保要求		
G_{10}	既能保障项目正常的建设与运营，又能注重项目周边的生态环境保护		
G_{11}	既能控制海外原料及产品供应的成本，又能实现国际项目的价值最大化		
G_{12}	既能全面合规防范外汇风险，又能灵活把握盈利的可能性	H_5 内部规范性与外部不确定性矛盾	I_3 规范性与灵活性
G_{13}	既能规范控制国际保险的投入，又能最大范围减少国际项目风险造成的损失		
G_{14}	既能控制本土用工的劳务风险，又能更好履行本土经营的社会责任		
G_{15}	既能强调项目审慎的决策过程，又能机动地应对国际项目的突发状况		
G_{16}	既能合理优化内部项目动态化管理，又能顺应外部东道国的政策变化		
G_{17}	既能遵守当地的税收政策，又能灵活进行企业的纳税筹划		
G_{18}	既强调工作规章制度的规范，又考虑本土员工文化习俗差异		
G_{19}	既能遵守东道国劳工法律及政策的硬性要求，又能兼顾宗教信仰与企业文化的柔性关怀	H_6 标准化与变通性矛盾	
G_{20}	既能适应当地医疗卫生条件的情况，又能积极推进卫生建设满足国际化基本医疗服务水平	H_7 本土特殊性与国际化标准的矛盾	I_4 本土化特殊性与全球化普遍性
G_{21}	既能适应当地的自然及气候环境，又能根据情况营造国际化水平的居住和办公环境		
G_{22}	既能尊重本土员工的利益与诉求，又能维护多文化团队的人际关系和谐	H_8 个体特殊与集体和谐的矛盾	
G_{23}	既能在薪酬福利方面考虑多文化团队中员工的差异性，又能以公平的方式平等对待员工		
G_{24}	既能强调部门的独立性与差异性，又能注重跨文化部门间的协作沟通		
G_{25}	既能要求员工有工作的个体目标，又有符合多文化工作团队的集体目标		

第五，理论饱和检验。基于理论编码所形成中国海外项目经理悖论领导行为的结构维度，研究人员对剩余 5 名外派项目经理进行深度访谈，并将访谈结果作为理

论饱和的检验数据，以提高理论编码的信度、效度。本书对各位专家的反馈意见进行整理，结合数据资料以及编码检验，发现各个理论范畴分析足够丰富，并未出现全新的理论范畴。因此，可以认为前文确立的中国海外项目经理悖论领导行为4维度模型在理论上达到了基本饱和（O'Connor et al.，2008）。

4.3　中国海外项目经理悖论领导行为的扎根理论研究结果

4.3.1　中国海外项目经理悖论领导行为的结构维度形成

本章围绕中国海外项目经理悖论领导行为特征结构以及形成与影响机制的主线展开，通过对原始数据的逐级编码，最终描绘出中国海外项目经理悖论领导行为的内涵与维度。在轴心编码阶段，提炼出8个主范畴，涵盖了全部数据所涌现的跨文化管理中的悖论现象，如若抓住悖论的两个极点，便能使领导者在复杂环境中有效定位，使用“两者兼而有之”的处理策略，随着时间的推移满足悖论双方的竞争性需求，也进一步阐释了跨文化悖论领导行为的概念内涵。

H_1 社会文化与合规安全风险。社会文化风险是社会文化、习俗环境等对国际工程项目管理效率带来的负面影响；合规安全风险则是出现不符合东道国法律、法规规定的行为导致的风险（傅维雄，2020）。鉴于两者本质均属于国别环境相关的安全问题，因此归到同一范畴进行讨论。社会稳定性好坏以及文化习俗异同等因素关乎国际投资是否顺利进行。因此要求外派管理者把握机遇的同时规避风险。

H_2 技术经营风险。技术经营风险是外派管理人员面临国际投资机遇时首要把控的风险。由于前期投资过程中急于拿到项目合同，忽视自身实力和本土化经营风险导致项目最终失败的案例不胜枚举。因此，要求外派管理者把握国际市场投资机遇的同时规避技术经营风险。

H_3 合同利润风险。在国际工程项目建设时期，不但要保质保量按期完成合同规定，也要避免合同期间的索赔风险，把握机遇进行反索赔维权。高质量完成合同任务的同时控制好成本，保证利润的盈余。由此，合同期间的成本与利润是外派管理者所要权衡的悖论因素。

H_4 合理利润与成本管控。海外项目的顺利开展往往和履行东道国当地社会责任、生态环境保护以及环保要求之间存在紧张关系。要求中方外派领导者在履行社会责任和环保要求的前提下进行国际项目的开展，造福当地民众并实现项目的收益。

H_5 内部规范性与外部不确定性矛盾。国际工程项目管理中不但需要从组织内部制度规范性上抵御风险，更要观测外部环境的不确定性，需要在内部与外部、规范性与不确定性的矛盾中寻求内外部动态共存的可能性。

H_6 标准化与变通性矛盾。文化差异时常导致文化风险与冲突，具备容忍和变通的领导者更能够接受差异，他可以有效管理员工间的跨文化差异（Judge et al., 1999）。感知差异可以使外派管理者察觉下属在多元文化团队互动中的动机和期望（Wang，2016），从而在制度规范的前提条件下，变通灵活地采取兼顾各方利益需求的悖论式行为，化解跨文化风险与冲突。

H_7 本土特殊性与国际化标准的矛盾。海外项目团队根植于多元文化的情境之中，加之当地自然条件、气候环境、医疗水平等自然环境与社会生产力等因素影响，外派项目经理应当带领国际项目团队适应并改造当地条件，使得国际项目更加顺利地开展，化解东道国自然、地域等环境本土特殊性与项目执行国际化标准之间的悖论。

H_8 个体特殊与集体和谐的矛盾。由于海外项目团队成员来自不同国家和区域，短期抽调组建团队会导致成员之间沟通协作缺乏安全感与信任（Ochieng & Price，2010），管理规范层级所出现的跨文化冲突常常源于成员协作方式异于常规（许晖等，2020）。因此，身处跨文化管理中的外派管理者，需要协调本土员工的特殊差异与集体和谐发展之间的矛盾，平衡悖论两点之间的张力，使团队更有序、良好、和谐地持续发展。

基于以上研究结果，进一步印证中国海外项目经理悖论领导行为在领导海外项目团队中发挥的关键作用以及开展此项研究的重要性。本书将跨文化悖论领导行为划分为：风险与机遇、利润与价值、规范性与灵活性、本土化特殊性与全球化普遍性4个维度进行阐释。

“风险与机遇”维度体现了“执两用中”的整体原则。强调国际项目的风险既无法完全杜绝同时又与机遇并存，面对这一跨文化悖论，需要外派管理者从全局出发，将风险与机遇置于更大的系统之中，找到项目风险与国际市场机遇之间相互依赖的关系，执两用中。尽量在规避东道国文化习俗、法律法规、技术运营等多方面风险的同时把握市场机遇，实现项目的盈利。

“利润与价值”维度要求外派领导者把握“过犹不及”的适度原则，在追求国际项目合理利润的同时注重项目进度、质量、社会责任、环保要求等价值的实现。外派项目经理在跨文化情境下需要把握合理的标准，反对“过”与“不及”，在国际工程项目的利润和价值悖论之间取合理范围，实现利润与价值的最大化。

“规范性与灵活性”维度体现了中庸哲学中“经权损益”的权变原则。在跨文化管理中，外派管理者通过对外部环境不确定性的灵活应对来调整内部组织制度的规范性，以“通权达变”的权变原则，化解矛盾和风险，从而使其达到稳健与持续的发展状态。因此，在实践当中处理问题要灵活运用、创造性地解决矛盾，这种处理问题的方法就是“通权达变”。

“本土化特殊性与全球化普遍性”维度呼应“和而不同”的和谐原则。组织内部制度和任务分工管理的差异化对待，容易产生跨文化冲突（Friesen et al.，2014），外派项目经理需要把握本土员工的特殊性与全球标准普遍性之间的张力，积极引导下属共同完成工作任务，促成良好的沟通协作，营造和谐的组织氛围。跨文化悖论领导行为是以和谐的方式处理冲突与矛盾，达到“和而不同”的相处目标，实现张力间的和谐相处和共同繁荣。

4.3.2 基于扎根理论的中国海外项目经理悖论领导行为的结构维度特征

经过对轴心编码之间的关系比较以及相关研究的查阅分析，研究人员构建出“风险与机遇”“利润与价值”“规范性与灵活性”与“本土化特殊性与全球化普遍性”为中心范畴的中国海外项目经理悖论领导行为4维度模型。基于前文对华人领导在跨文化情境下悖论领导行为4原则特点的概括，发现跨文化悖论领导行为4维度与“中庸内涵”中的4原则相呼应：“风险与机遇”体现“执两用中”的整体原则；“利润与价值”呼应“过犹不及”的适度原则；“规范性与灵活性”对应“经权损益”的权变原则；“本土化特殊性与全球化普遍性”对标“和而不同”的和谐原则（图4-1）。

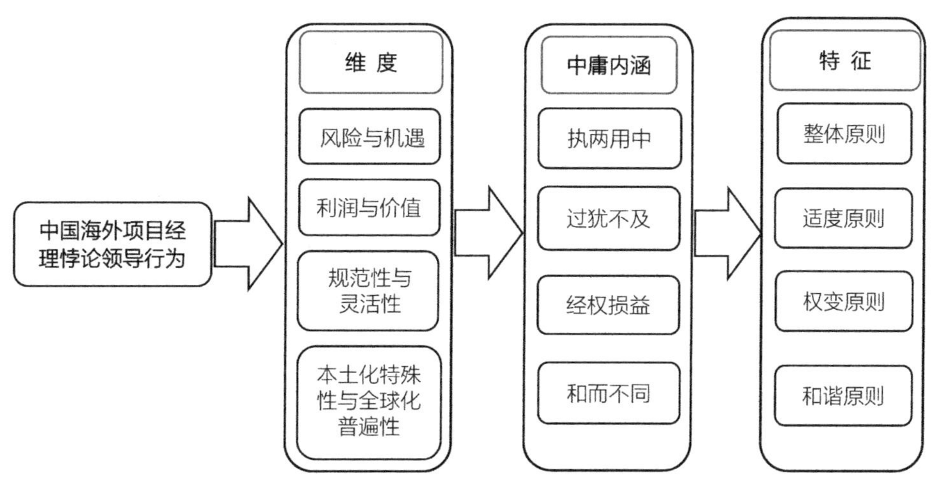

图4-1 中国海外项目经理悖论领导行为的结构特征

4.4 中国海外项目经理悖论领导行为的形成与影响机制理论框架

本书立足组织行为学领域，发现个体和团队层面等外部因素将直接或间接影响中国海外项目经理悖论领导行为的形成。根据组织行为学的基础经典模型：输入变量—过程变量—结果变量，即 I（In）—P（Process）—O（Out）模式，描绘出中国海外项目经理悖论领导行为的形成与影响机制模型：输入变量个体层面（中庸价值取向、文化智力、整体性思维）和团队层面（文化多样性、团队冲突、团队氛围）影响领导过程（悖论领导行为），领导过程转而影响输出变量（个体层面：主动性行为、适应性行为、个人绩效；团队层面：身份认同、团队凝聚力、团队绩效），并且输出变量各层面也能在未来某个时间点对输入变量的各层面产生影响（Ehrhart & Naumann，2004），领导过程兼顾输入和输出的功能，进而对未来某时刻的作用结果发挥影响（图 4-2）。

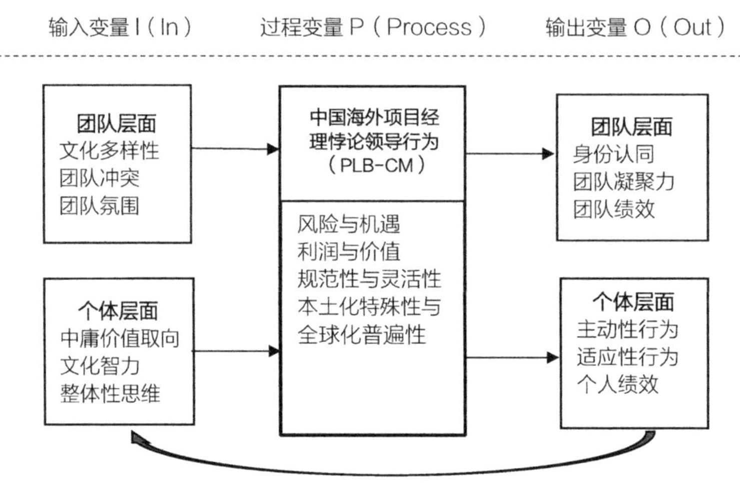

图 4-2 中国海外项目经理悖论领导行为的形成与影响机制理论框架

中国海外项目经理悖论领导行为的形成与影响机制是一个跨层次影响机制，个体层面的内部刺激和来自团队层面的外部刺激都会影响中国海外项目经理悖论领导行为的形成，中国海外项目经理悖论领导行为的过程转而对员工个体层面与团队层面产生作用和影响。所构建模型中各层级变量的分布相互对应，团队层面变量位于个体层面变量的上方（Ehrhart & Naumann，2004）。

性格特征（Richard，1959；Stogdill，1948）、情境因素（Liden & Antonakis，

2009; Antonakis et al., 2003)、追随关系(Lord et al., 1984; Gardner et al., 2010)等因素与领导行为存在相关性，是当前特质学派、情境学派、信息处理学派等领导力学派已解决的研究主题，本书不在此进行过多赘述，仅从个体层面与团队层面本身出发绘制跨文化悖论领导行为的形成与作用机制，这样更有助于从过程视角理解领导者如何实际影响团队层次的输出(Kaiser et al., 2008)。

1. 中国海外项目经理悖论领导行为(PLB-CM)的前因——个体层面

PLB-CM 源自中庸理论，中庸的基本含义及精神是:"执两端而允中(杨中芳，2001)。"这对处于跨文化背景下的中国管理者采用非对抗方式应对冲突是一种可取指导。此外，个性特质被认为是引发领导者行为(Judge et al., 2002)的根本性原因。文化智力反映人们在新的文化背景下，识别处理信息，做出判断和行为以适应环境的能力(Earley & Ang, 2003), Avolio et al.(2009)的研究也实证了具有高文化智力的领导者能够在跨文化管理中更好地满足下属期望。另外，整体性思维的领导者认为悖论的两个方面都是真实存在的，将矛盾整合到一个更大的系统中，并找到动态共存的可能性来处理悖论(Choi & Nisbett, 2000)。基于此，本书将中庸价值取向、文化智力、整体性思维作为个体层面影响 PLB-CM 的前因。

2. 中国海外项目经理悖论领导行为的前因——团队层面

团队层面影响 PLB-CM 的前因分为文化多样性、团队冲突以及团队氛围。首先，文化背景影响着适恰领导行为的动机和计划，有效的国际化领导行为需要在文化多样性的背景中发挥作用(Rockstuhl et al., 2011)。其次，前人研究证实团队成员的种族和文化背景差异越大,越容易发生冲突(Ayoko & Härtel,2006)。当与来自不同文化、有群体间冲突或紧张历史的员工合作时，很可能出现团队冲突，领导者需做好处理竞争期望的准备(Chrobot-Mason et al., 2007)。最后，领导特质权变模型研究表明，团队氛围是对领导者在影响团队完成任务绩效方面的前因(Fiedler, 1978)，团队氛围与以人为本的领导风格有更强的相关性(Tuuli et al., 2012)。因此，文化多样性、团队冲突与团队氛围是诱发悖论领导行为的前因。

3. 中国海外项目经理悖论领导行为的结果——个体层面

领导者的行为对下属的互动、行为和认知方面都发挥着关键作用。主动性行为指个体自觉预测工作中的变化并采取相应行动(Griffin et al., 2007)。Zhang 等(2015)发现，悖论领导行为通过向员工展示如何在平衡高工作要求和高自主性的同时，接受和拥抱复杂环境中的矛盾，进而促进下属的适应性行为、熟练工作行为，及主动性行为。She 和 Quan（2017）基于关系认同理论，发现本土悖论领导对下属工作绩效存在正向影响。由此，在跨文化管理中，领导者采取悖论领导行为更能兼顾个体差异，实现本土员工特殊性与团队的融合，提高个体工作的主动性和适应性，从而提高个人绩效。

4. 中国海外项目经理悖论领导行为的结果——团队层面

一个群体的领导者对团队中情绪能力的意识越强，群体中的情绪氛围就越积极（Ayoko & Härtel，2006）。DeGroot 等（2000）发现，领导行为与团队身份认同相关的群体层次过程具有潜在影响。因此，在带领多元文化团队时，领导者可以借助自己的言行，通过启动在个人、关系或集体方面的身份认同，改变个体行为在团队层面输出时的影响结果（Day，2004）。跨文化情境下，领导更需要把握项目前期的风险与机遇以及项目后期的利润与价值，在多元文化团队身份认同的基础上，提升团队凝聚力，进而产生团队绩效。

4.5 研究结论与贡献

1. 研究结论

第一，拓展了悖论领导行为的“理论版图”，同时也推进了跨文化领导力与悖论领导行为研究的交叉融合，基于扎根理论研究方法开发出中国海外项目经理悖论领导行为形成与影响机制理论框架。

第二，基于建构型扎根理论对中国海外项目经理悖论领导行为的特征结构进行探索，凝练 4 个核心维度，进一步发现中国海外项目经理悖论领导行为 4 维度与“中庸内涵”中的 4 原则相呼应：“风险与机遇”体现“执两用中”的整体原则；“利润与价值”呼应“过犹不及”的适度原则；“规范性与灵活性”对应“经权损益”的权变原则；“本土化特殊性与全球化普遍性”体现“和而不同”的和谐原则。

第三，通过依据质性研究的数据迭代，构建了中国海外项目经理悖论领导行为的形成与影响机制模型。分别从个体层面和团队层面对中国海外项目经理悖论领导行为形成的不同前因及结果变量进行分析，揭示了中国海外项目经理悖论领导行为的形成路径与影响机制，以及个体层面与团队层面不同影响因素之间的交互关系。

2. 研究贡献

第一，探索中国海外项目经理悖论领导行为的结构维度，通过 4 个不同维度区分跨文化情境下悖论的类型，发展了中国海外项目团队在跨文化管理中的悖论领导理论，为悖论管理的发展做出了贡献。结果表明，中国外派管理者如何在跨文化管理中联系竞争性需求，梳理出跨文化悖论对立而又相互关联的要素，并对其进行整合与协同，为后续进行实证研究提供了可参考的依据。

第二，构建了中国海外项目经理悖论领导行为的形成与影响机制模型，填补了发展中国家的文化与领导力模型的空白。现有关于领导力和文化的研究大多关注“发达国家”，即西方世界，而非“发展中国家”（Aycan，2004；Sinha，2003；Sinha，2004；Antonakis et al.，2004）。本书的研究样本来自多国项目地，涵盖多个东道国，研究结果拓展了悖论领导行为在跨文化管理研究的新领域，为跨文化领导力在发展中国家的研究奠定了基础。

第三，厘清了中国海外项目经理悖论领导行为的特征结构、形成影响机制，为更多走入国际工程承包市场的中国企业选拔、培训、派遣更优秀的国际工程项目经理，并在跨文化管理中识别悖论、培养悖论心态并发展悖论管理技能提供一定的理论依据。

4.6　本章小结

本章提出基于扎根理论研究方法的跨文化悖论领导行为结构维度及理论框架。通过对悖论领导行为研究的国际化情境缺失，在其理论基础上结合当下“一带一路”倡议背景下的跨文化情境，从文献源和线上线下的实地源（包括文献和专著资料、公众号论坛收集、半结构式访谈、调查问卷等）收集外派项目经理悖论领导行为的表现。对数据进行四级编码分析，研究数据分别抽象出：风险与机遇、利润与价值、规范性与灵活性、本土化特殊性与国际化普遍性四类看似相互矛盾却又相互联系的紧张关系。探索出中国海外项目经理悖论领导行为的结构维度特征，编制出对应4个维度的25个中国海外项目经理悖论领导行为条目作为原始量表。在经典IPO模型的基础上，提出中国海外项目经理悖论领导行为的形成与影响机制模型。为接下来跨文化悖论领导行为正式测量量表的开发奠定基础。

第5章 中国海外项目经理悖论领导行为的量表开发

5.1 研究目的

本书第3章以越南头顿光伏项目为例，梳理了跨文化情境下中国海外项目团队面临的冲突与矛盾，并由此提出兼顾矛盾之间张力的悖论领导行为这一有效应对措施。在现有研究与实践探索的基础上进一步界定了中国海外项目经理悖论领导行为的概念内涵。但这一概念是否具有良好的外部效度，还未得到检验。第4章中国海外项目经理悖论领导行为结构维度及理论框架，通过基于建构型扎根理论的质性研究成果，编制出对应4个维度的25个条目作为原始量表，提出中国海外项目经理悖论领导行为的形成与影响机制模型。但仍旧存在两个待解决的问题：第一，虽然建构型扎根理论帮我们迭代出跨文化悖论领导行为的原始量表，但是原始量表的信度、效度如何？是否能够成为最终的测量工具？我们虽然运用质性研究迭代出了具体中国海外项目经理悖论领导行为的条目，但结果却未能得到数据验证。第二，中国海外项目经理悖论领导行为的形成与影响机制模型，质性研究归纳的前因和结果是否顺利通过量表的校标检测，还尚未得到证实。

量表建构及信度、效度分析是测量量表开发的重要环节，决定了量表对构念测量的准确性和有效性（王庆娟和张金成，2012）。量表信度包含内部一致性分析和重复性分析两部分，它反映了测量结果的一致性、稳定性及可靠性，即同一测量工具对同一事物和现象反复测量结果的一致性（安胜利和陈平雁，2001）。量表效度包含结构效度（Construct Validity）、校标效度（Criterion Validity）及内容效度（Content Validity），它是指测量工具能够准确测出所需测量事物和现象的程度。因此，本章节拟通过以量表的方法开发中国海外项目经理悖论领导行为的测量量表，试图解决扎根理论研究方法无法解决的问题，并为中国海外项目经理悖论领导行为的后续量化研究提供重要的测量工具。

5.2 中国海外项目经理悖论领导行为初始量表的形成

通过以上基于建构型扎根理论的质性研究成果，本章以聚焦编码形成的 25 个条目双向原始量表为蓝本，对中国海外项目经理悖论领导行为量表进行进一步实证分析和验证。

为了确保量表的信效度，根据 Hinkin（1995）的测量量表开发流程，在生成中国海外项目经理悖论领导行为的原始量表条目后，多方征求反馈意见。首先，为确保量表的内容效度，邀请 10 名组织行为与人力资源管理专业的专家教授对初始量表的测量条目进行定性评估。将 25 条目原始量表和中国海外项目经理悖论领导行为的内涵定义向组织行为学专业方向的 3 名教授、5 名博士研究生以及 2 名硕士研究生发放，依据中国海外项目经理悖论领导行为的定义内涵逐条检验量表条目语意并归属类别，经过多轮意见反馈和分析商讨后，将条目 G_{18}“既强调工作规章制度的规范，又考虑本土员工文化习俗差异”以及条目 G_{19}“既能遵守东道国劳工法律及政策的硬性要求，又能兼顾宗教信仰与企业文化的柔性关怀”删除。其次，为确保量表的实践有效性，将专业学者修订后的 23 个条目给 10 位参与过前期研究的国际项目经理进行再次评估，基于外派管理者的实践经验，将条目 G_6“既能通过全面的合同管理避免索赔风险，又能有准备地进行反索赔”和条目 G_{11}“既能控制海外原料及产品供应的成本，又能实现国际项目的价值最大化”剔除。最终留下 21 个条目作为跨文化悖论领导行为的预测量表。

基于扎根分析所开发的中国海外项目经理悖论领导行为构念，编制出对应 4 个维度的 25 个条目作为原始量表。为确保原始量表的内容效度通过专家小组讨论，建议删除 4 项表述过于宽泛的条目。由此，编制出中国海外项目经理悖论领导行为预测量表共包含 21 个题项，其中，风险与机遇维度有 5 个题项，利润价值维度有 4 个题项，规范性与灵活性维度有 6 个题项，本土化特殊性与全球化普遍性维度有 6 个题项。如表 5-1 所示。

中国海外项目经理悖论领导行为初始量表　　表 5-1

结构维度	具体条目
风险与机遇	1. 既能依据项目合同全面重视东道国的社会环境，又能抓住市场机遇
	2. 既能依据项目合同全面重视东道国的文化习俗风险，又能抓住市场机遇

续表

结构维度	具体条目
风险与机遇	3. 既能依据项目合同全面重视东道国的合规（法律法规）风险，又能抓住市场机遇
	4. 既能依据项目合同全面重视东道国的公共安全风险，又能抓住市场机遇
	5. 既能依据项目合同合理全面评估企业能力与竞争力，又能抓住市场机遇
利润与价值	1. 既能追求国际项目的合理利润，又能重视国际项目的进度和质量
	2. 既能追求国际项目的合理利润，又能履行好对当地的社会责任
	3. 既能追求国际项目的合理利润，又能达到东道国的环保要求
	4. 既能保障项目正常的建设与运营，又能注重项目周边的生态环境保护
规范性与灵活性	1. 既能全面合规防范外汇风险，又能灵活把握盈利的可能性
	2. 既能规范控制国际保险的投入，又能最大范围减少国际项目风险造成的损失
	3. 既能控制本土用工的劳务风险，又能更好履行本土经营的社会责任
	4. 既能强调项目审慎的决策过程，又能机动地应对国际项目的突发状况
	5. 既能合理优化内部项目动态化管理，又能顺应外部东道国的政策变化
	6. 既能遵守当地的税收政策，又能灵活进行企业的纳税筹划
本土化特殊性与全球化普遍性	1. 既能适应当地医疗卫生条件的情况，又能积极推进卫生建设满足国际化基本医疗服务水平
	2. 既能适应当地的自然及气候环境，又能根据情况营造国际化水平的居住和办公环境
	3. 既能尊重本土员工的利益与诉求，又能维护多文化团队的人际关系和谐
	4. 既能在薪酬福利方面考虑多文化团队中员工的差异性，又能以公平的方式平等对待员工
	5. 既能强调部门的独立性与差异性，又能注重跨文化部门间的协作沟通
	6. 既能要求员工有工作的个体目标，又能符合多文化工作团队的集体目标

5.3 中国海外项目经理悖论领导行为测量量表的量化研究

在中国海外项目经理悖论领导行为初始 21 条目的双向预测量表的基础上，本章节遵循 Hinkin（1995）量表开发的程序，具体量化研究步骤如下：首先，问卷编制与投放，所有题项采用李克特量表并以腾讯问卷的方式进行线上发放。其次，探索性因子分析，对收集的数据进行量表条目的探索性因子分析和内部一致性信度检验。再次，验证性因子分析，在探索性因子分析的基础上，进行因子结构与数据的拟合度、量表的聚合效度、区分效度的分析。最后，校标检验，也是测量量表对相关变量的预测性检验。以理论框架为基础，前因变量选取文化智力、整体性思维、批判性思维，结果变量选取任务绩效、团队适应性绩效、工作投入。通过这些关联校标的选取，检验跨文化悖论领导行为实践量表的预测有效性。

5.3.1　初始量表的因子结构探索

1. 研究样本

基于以上 21 个题项，本书利用“腾讯问卷”编制了中国海外项目经理悖论领导行为的初始调查问卷，问卷采用李克特 1 ~ 5 点量表。调研对象是“一带一路”沿线国家的中资企业的外派项目管理人员，涉及能源电力、基础设施、交通运输、装备制造、贸易服务、技术运营等行业领域，样本涵盖柬埔寨、印度尼西亚、巴基斯坦、俄罗斯、越南、孟加拉国等 13 个国家和地区。选取此类企业为研究样本基于以下考虑：一方面，能源和运输行业是我国面向“一带一路”沿线国家直接投资和建造合同的主体，此类企业为跨文化悖论领导行为测量量表的开发提供了良好的试验田；另一方面，样本国家来源的多样性与典型性，可以有助于增加研究结果的外部效度。本书作者是华电“一带一路”能源学院平台培训项目负责人，借助以往对外派人员培训资源来获取调查数据。为了降低社会称许性差异对研究结果的干扰，问卷采用匿名填答，并在正式发送问卷链接前，如实说明调查问卷的目的及其保密性。参与填答问卷的人员均可获得相应奖励（国外项目人员采用发送红包，回国人员采取邮寄中药防疫香囊作为回馈礼品）。

探索性因子分析阶段共发放问卷 360 份，同时，腾讯问卷样本服务设置了问卷质量监控体系，用“陷阱”题来排除不合格样本；另外，剔除答题时间少于 180s 的问卷和填答存在缺失数据的问卷，最终获取有效问卷 297 份，有效问卷回收有效率为 82.5%。样本容量超过观察法变量的 5 倍，并且样本总数超过 100 份（Gorsuch，1997），达到了进行探索性因子分析样本量的标准。对有效样本进行描述性统计，可以发现：①样本以男性居多，占比 82.7%，这可能与他们的工作性质有关，愿意外派到国外的男性通常多于女性，女性占比 17.3%；②在年龄方面，以 26 ~ 30 岁和 31 ~ 35 岁的居多，占比分别为 28.7% 和 26.4%；③在受教育水平上，本科及以上学历占比为 78.6%；④项目所在区域方面：东盟地区占 56.2%，西亚 18 国和南亚 8 国占 11.2%，中亚 5 国占 13.1%，非洲地区占 14.7%，其他地区占 4.8%。

2. 中国海外项目经理悖论领导行为的探索性因子分析及结果

基于以往研究经验，在对数据进行探索性因子（Exploratory Factor Analysis，EFA）分析前，我们首先对数据特征进行检验，以便确保所用数据是否符合探索性因子分析的要求。主要包含以下两个步骤：首先，题项间是否存在相关关系，也就是各题项与总分相关系数值。其次，使用 KMO（Kaiser—Meyer—Olkin Measure of Sample Adequacy）指标和 Bartlett 球形检验（Bartlett's Test of Sphericity）两个步骤对题项的数据特征进行初步的检验。

具体而言，首先，本书采用 SPSS22.0 对中国海外项目经理悖论领导行为预测量表进行探索性因子信度的检验。采用李克特 5 点量表对跨文化悖论领导行为进行核查，即“1”表示非常不赞同，“5”表示非常赞同。之后，使用 SPSS22.0 对 21 个预测条目进行相关分析，判别各题项是否均与总分呈显著相关性，结果显示各题项与总分相关系数均在 0.4 以上，如表 5-2 所示。

题项之间相关分析表（*N*=297） 表 5-2

题项	题项与总分相关系数
1. 既能依据项目合同全面重视东道国的社会环境，又能抓住市场机遇	0.523**
2. 既能依据项目合同全面重视东道国的文化习俗风险，又能抓住市场机遇	0.462**
3. 既能依据项目合同全面重视东道国的合规（法律法规）风险，又能抓住市场机遇	0.465**
4. 既能依据项目合同全面重视东道国的公共安全风险，又能抓住市场机遇	0.617**
5. 既能依据项目合同合理全面评估企业能力与竞争力，又能抓住市场机遇	0.536**
6. 既能追求国际项目的合理利润，又能重视国际项目的进度和质量	0.564**
7. 既能追求国际项目的合理利润，又能履行好对当地的社会责任	0.584**
8. 既能追求国际项目的合理利润，又能达到东道国的环保要求	0.596**
9. 既能保障项目正常的建设与运营，又能注重项目周边的生态环境保护	0.559**
10. 既能全面合规防范外汇风险，又能灵活把握盈利的可能性	0.508**
11. 既能规范控制国际保险的投入，又能最大范围减少国际项目风险造成的损失	0.544**
12. 既能控制本土用工的劳务风险，又能更好履行本土经营的社会责任	0.588**
13. 既能强调项目审慎的决策过程，又能机动地应对国际项目的突发状况	0.598**
14. 既能合理优化内部项目动态化管理，又能顺应外部东道国的政策变化	0.603**
15. 既能遵守当地的税收政策，又能灵活进行企业的纳税筹划	0.593**
16. 既能适应当地医疗卫生条件的情况，又能积极推进卫生建设满足国际化基本医疗服务水平	0.605**
17. 既能适应当地的自然及气候环境，又能根据情况营造国际化水平的居住和办公环境	0.605**
18. 既能尊重本土员工的利益与诉求，又能维护多文化团队的人际关系和谐	0.630**
19. 既能在薪酬福利方面考虑多文化团队中员工的差异性，又能以公平的方式平等对待员工	0.572**

续表

题项	题项与总分相关系数
20. 既能强调部门的独立性与差异性，又能注重跨文化部门间的协作沟通	0.595**
21. 既能要求员工有工作的个体目标，又能符合多文化工作团队的集体目标	0.621**

注：** 在置信度（双侧）P 为 0.01 时，相关性是显著的。

之后是效度分析，此分析用于衡量测量表达与实际标准的准确程度。在做因子分析前，我们使用 KMO（Kaiser—Meyer—Olkin Measure of Sample Adequacy）指标和 Bartlett 球形检验（Bartlett's Test of Sphericity）的结果对数据特征进行筛查，确认是否达到做因子分析的标准。现有研究表明，KMO 的取值范围应在 0 ~ 1 区间，最小值不应低于 0.7（吴明隆，2003）。KMO 值越接近 1，越适合进行因子分析检验，即越适合进行因子分析；Bartlett 球形检验得到的统计值越高，说明拟检验变量之间的独立性越强，测量题项就越适合做探索性因子分析。中国海外项目经理悖论领导行为测量量表的 21 个题项的检验结果如表 5-3 所示，KMO 值为 0.919，该值大于 0.7；Bartlett 球形检验统计值显著（*Sig.* = 0.000），说明预测数据的效度较好，可以进行下一步的探索性因子分析。

KMO 和 Bartlett 的检验结果一　　表 5-3

取样足够度的 Kaiser-Meyer-Olkin 度量		0.919
Bartlett 球形检验	近似卡方	2668.235
	自由度（*df*）	210
	显著性（*Sig.*）	0.000

在此基础上，本书确定的 21 个题项构成测量量表进行探索性因子分析。通过探索性因子分析，可以精确地划分量表的结构维度。探索性因子分析是根据变量间的相关性大小进行分组，每组内变量之间存在较高的相关性，代表着这些变量之间拥有共同制约的公因子，用这些公因子以构建因子结构来最大限度地表示所有变量的信息（Russell，2002）。对题项分析后的指标进行探索性因子分析（Exploratory Factor Analysis，EFA）如下：

为了最大限度提取原有量表 21 个题项测量中的有效因子，我们使用主成分分析法，通过最大方差的正交旋转方法进行探索性因子分析。将中国海外项目经理悖论领导行为量表的 21 个题项中特征值大于 1 的因子进行探索（Castell et al.，1966），根据表 5-4 的分析结果，本书提取四因子主成分模型，首先 CL_5 的单因子载荷小于临界值 0.5 需要删除（Ford et al., 1986）。其次，CL_{14} 和 CL_{16} 的交叉因子载荷大于 0.4（李灿和辛玲，2008），需要删除，最终保留 18 个题项。

正交旋转后的因素负荷矩阵（N=297） 表 5-4

量表题项	因子 1	因子 2	因子 3	因子 4
CL_{20}	**0.767**	0.062	0.243	0.170
CL_{19}	**0.747**	0.225	0.106	0.095
CL_{18}	**0.736**	0.195	0.176	0.194
CL_{17}	**0.630**	0.320	0.092	0.215
CL_{21}	**0.569**	0.215	0.216	0.322
CL_{16}×	**.5690**	0.415	0.059	0.207
CL_{13}	0.373	**0.690**	0.190	−0.022
CL_{11}	0.179	**0.677**	0.055	0.247
CL_{10}	−0.041	**0.602**	0.353	0.224
CL_{15}	0.296	**0.599**	0.139	0.216
CL_{14}×	0.406	**0.593**	0.167	0.088
CL_{12}	0.360	**0.538**	0.055	0.285
CL_2	0.184	0.074	**0.770**	0.041
CL_1	0.139	0.128	**0.770**	0.171
CL_3	0.124	0.066	**0.717**	0.189
CL_4	0.225	0.323	**0.578**	0.235
CL_5×	0.073	0.374	**0.484**	0.279
CL_9	0.232	0.134	0.129	**0.775**
CL_8	0.227	0.208	0.143	**0.760**
CL_7	0.186	0.238	0.258	**0.636**
CL_6	0.184	0.178	0.360	**0.562**

注：采用主成分分析方法，同时通过最大方差的正交旋转法；× 代表删除的题项。

根据表 5-5 可知，删除了 3 个题项后的 KMO 值为 0.911 大于 0.7；Bartlett 球形度检验的 *Sig.* 统计值为 0.000，达到了显著性水平的判断标准，这说明剩余 18 题项的跨文化悖论领导行为量表的效度较好，适宜进行相关的因子分析。

KMO 和 Bartlett 的检验结果二 表 5-5

取样足够度的 Kaiser-Meyer-Olkin 度量		0.911
Bartlett 球形检验	近似卡方	2156.141
	自由度（*df*）	153
	显著性（*Sig.*）	0.000

对不达标的题项 CL_5、CL_{14} 以及 CL_{16} 依次进行删除后，再次进行因子分析。使用主成分分析法（Principal Components），通过最大方差的正交旋转方法进行因子分析。将跨文化悖论领导行为量表保留的 18 个题项中特征值大于 1 的因子进行探索（Castell et al.，1966），如表 5-6 的分析结果，本书最终分析出四因子稳定结构模型，且各题项在其归属因子的因子载荷数值均高于标准值的 0.5，且没有出现题项跨两个以上因子载荷均大于 0.4 的现象，说明各题项的因子归类较为理想。

正交旋转后的因素负荷矩阵（*N*=297） 表 5-6

题项	因子 1	因子 2	因子 3	因子 4
CL_{20}	**0.784**	0.058	0.225	0.178
CL_{19}	**0.765**	0.222	0.090	0.098
CL_{18}	**0.727**	0.208	0.180	0.204
CL_{17}	**0.627**	0.300	0.085	0.227
CL_{21}	**0.572**	0.259	0.211	0.317
CL_{11}	0.183	**0.720**	0.048	0.216
CL_{13}	0.390	**0.672**	0.188	−0.003
CL_{10}	−0.036	**0.633**	0.349	0.209
CL_{15}	0.307	**0.617**	0.130	0.203
CL_{12}	0.362	**0.568**	0.052	0.276
CL_1	0.174	0.064	**0.777**	0.066
CL_2	0.135	0.138	**0.772**	0.189
CL_3	0.117	0.105	**0.718**	0.183
CL_4	0.209	0.320	**0.587**	0.256
CL_9	0.224	0.129	0.114	**0.788**
CL_8	0.216	0.192	0.125	**0.773**

续表

题项	因子 1	因子 2	因子 3	因子 4
CL_7	0.157	0.263	0.264	**0.642**
CL_6	0.191	0.174	0.339	**0.571**
特征值	7.029	1.592	1.166	1.090
解释变异量（%）	39.050	8.842	6.475	6.053
解释累计变异量（%）	39.050	47.892	54.368	60.421

依据各因子载荷值高于 0.5 且交叉载荷低于 0.4 的标准，将跨文化悖论领导行为量表的 18 个题项划分为 4 个维度，其中因子 1 本土化特殊性与全球化普遍性包含 5 个原题项：CL_{20}，CL_{19}，CL_{18}，CL_{17}，CL_{21}；因子 2 规范性与灵活性包含 5 个原题项：CL_{11}，CL_{13}，CL_{10}，CL_{15}，CL_{12}；因子 3 风险与机遇包括 4 个原题项：CL_1，CL_2，CL_3，CL_4；因子 4 利润与价值包括 4 个原题项：CL_9，CL_8，CL_7，CL_6。在保证所有保留的测量题项不存在语义重复现象条件下，并遵循每个因子维度的测量题项数目在 4 ~ 6 题较为适宜的原则（Schriesheim et al.，1993），中国海外项目经理悖论领导行为构成成分的探索性因子分析结果如表 5-7 所示。

中国海外项目经理领导行为构成成分的探索性因子分析结果（N=297） 表 5-7

因子及题项	因子 1	因子 2	因子 3	因子 4
因子 1：本土化特殊性与全球化普遍性				
20. 既能强调部门的独立性与差异性，又能注重跨文化部门间的协作沟通	**0.770**	0.034	0.243	0.177
19. 既能在薪酬福利方面考虑多文化团队中员工的差异性，又能以公平的方式平等对待员工	**0.764**	0.199	0.103	0.093
18. 既能尊重本土员工的利益与诉求，又能维护多文化团队的人际关系和谐	**0.724**	0.186	0.194	0.200
17. 既能适应当地的自然及气候环境，又能根据情况营造国际化水平的居住和办公环境	**0.659**	0.292	0.079	0.214
21. 既能要求员工有工作的个体目标，又能符合多文化工作团队的集体目标	0.544	0.234	0.237	0.323
因子 2：规范性与灵活性				
11. 既能规范控制国际保险投入，又能最大范围减少国际项目风险造成的损失	0.211	**0.718**	0.044	0.209

续表

因子及题项	因子 1	因子 2	因子 3	因子 4
13. 既能强调项目审慎的决策过程，又能机动地应对国际项目的突发状况	0.392	**0.657**	0.200	−0.005
10. 既能全面合规防范外汇风险，又能灵活把握盈利的可能性	−0.026	**0.634**	0.348	0.209
15. 既能遵守当地的税收政策，又能灵活进行企业的纳税筹划	0.316	**0.608**	0.136	0.202
12. 既能控制本土用工的劳务风险，又能更好履行本土经营的社会责任	0.364	**0.554**	0.064	0.276
因子 3：风险与机遇				
1. 既能依据项目合同全面重视东道国的社会环境，又能抓住市场机遇	0.124	0.135	**0.776**	0.191
2. 既能依据项目合同全面重视东道国的文化习俗风险，又能抓住市场机遇	0.180	0.066	**0.770**	0.062
3. 既能依据项目合同全面重视东道国的合规（法律法规）风险，又能抓住市场机遇	0.112	0.105	**0.719**	0.184
4. 既能依据项目合同全面重视东道国的公共安全风险，又能抓住市场机遇	0.220	0.320	**0.583**	0.252
因子 4：利润与价值				
9. 既能保障项目正常的建设与运营，又能注重项目周边的生态环境保护	0.226	0.124	0.118	**0.786**
8. 既能追求国际项目的合理利润，又能达到东道国的环保要求	0.235	0.193	0.120	**0.768**
7. 既能追求国际项目的合理利润，又能履行好对当地的社会责任	0.166	0.262	0.264	**0.641**
6. 既能追求国际项目的合理利润，又能重视国际项目的进度和质量	0.188	0.169	0.344	**0.572**

根据表 5-8 因子分析的检验结果，提取的因子数目为 4，且前 4 个因子的累计方差解释率达到 59.787%，总测量指标方差被公因子解释的比例不低于标准值的 40%（李灿和辛玲，2008）。因此，本书提取的公因子在指标上反映出了原有变量大部分有效信息，四因子模型对中国海外项目经理悖论领导行为测量量表具有良好的解释度。

在探索性因子分析后，对量表进行了内部一致性检验，采用 Cronbach’s α 系数进行指标衡量。此时，中国海外项目经理悖论领导行为测量量表信度系数为 0.907，高于标准 0.7 的临界值（Nunnally，1975）。在经过多次的因子分析探索后，确定了中国海外项目经理悖论领导行为稳定的因子结构，最终，我们确定了 18 个题项构成的跨文化悖论领导行为正式量表。

中国海外项目经理悖论领导行为因子分析的特征根与总体变异结果（N=297）表 5-8

成分	初始特征值			提取载荷平方和		
	总计	方差百分比（%）	累积（%）	总计	方差百分比（%）	累积（%）
1	7.029	39.050	39.050	7.029	39.050	39.050
2	1.592	8.842	47.892	1.592	8.842	47.892
3	1.166	6.475	54.368	1.166	6.475	54.368
4	1.090	6.053	60.421	1.090	6.053	60.421

使用探索性因子分析进行检验，最终获得了一个包含四因子的中国海外项目经理悖论领导行为概念模型，即包含本土化特殊性与全球化普遍性、规范性与灵活性、风险与机遇、利润与价值四个成分。实证检验结果与质性研究结果相吻合，测量条目各因子间具备较好的内部一致性，因此开发的量表具有良好的信度。

5.3.2 初始量表的验证性研究

1. 样本

本研究以“腾讯问卷”的方式，进行中国海外项目经理悖论领导行为验证性因子分析调查问卷的远程发放。每份问卷以微信红包的方式付给调研对象 6.66 元或者 9.99 元报酬，寓意“海外事业，一顺百顺”或“开拓海外，长长久久”以保证问卷调查的质量。问卷题项采用李克特 5 点量表，基于 18 题项的中国海外项目经理悖论领导行为测量正式量表，以滚雪球的方式，依托我国某大型国有能源电力投资集团国际部进行问卷收集，以期对我国外派项目经理的悖论领导行为的构成维度进行验证。数据主要通过华电“一带一路”能源学院线上培训机构进行调查问卷发放和收集。通过“腾讯问卷”设置“问卷质量控制系统”，设置测试认真程度预测机制用以排除不认真填答的无效问卷；剔除有空白项的问卷和整体问卷答案全部相同的问卷；此外，填答时间少于 180s 的问卷也视为不认真问卷进行删除，最终确认回收有效问卷 186 份，并对问卷进行验证性因子分析。

对有效样本进行描述性统计，可以发现：样本以男性居多，占比 85.5%，这可能与他们的工作性质有关，愿意外派到国外的男性通常多于女性，女性占比 14.5%；在年龄方面，以 31 ~ 35 岁和 36 ~ 40 岁的居多，占比分别为 25.8% 和 24.7%；在受教育水平上，专科调研对象占比 14.0%，本科调研对象占比 53.2%，硕士研究生及以上学历占比为 31.7%；项目所在区域方面：东盟地区占 55.4%，西亚 18 国和南亚 8 国占

28.7%，其他地区占15.9%。可见，此样本进行验证性因子分析具有良好的代表性。

2. 量表信度分析

在探索性因子分析阶段，本书采用主成分因子分析法以及最大旋转方差法，对预测量表各结构维度进行因子评估，最终获取千维度18题项模型。量表的Cronbach's α系数为0.942，其中四个子维度的Cronbach's α信度系数各为0.834、0.836、0.846、0.869，高于标准0.7的临界值（Nunnally，1975），反映本书开发的中国海外项目经理悖论领导行为量表内部一致性信度良好，该量表具有较高的准确度和可靠性。

3. 量表效度分析

通过探索性因子分析可以检验中国海外项目经理悖论领导行为量表的内部一致性和内容效度，验证性因子分析将进一步检验因子结构和题项的外部一致性程度。验证性因子分析通过模型拟合度的评估来验证探索性因子分析阶段取得的因子结构的稳固性。因此，除了要对量表数据进行信度分析，还需进一步进行效度分析。按照一般性做法，效度分析包括两部分：内容效度分析和区分效度分析。

（1）内容效度

在内容效度方面，中国海外项目经理悖论领导行为最终得到的4维度18题项的测量量表，能够和中庸传统哲学理论很好地融合。同时也有效反映了在跨文化管理中，中国外派管理者处理矛盾冲突时采取悖论领导行为的典型特征。在测量题项的内涵描述中，首先，对国内外研究文献进行完备的综述处理，参考已有研究中的悖论领导行为题项。其次，采用扎根理论研究方法对海外项目中的管理者进行访谈。最后，联合相关学术界管理学专家进行量表题项的最终确认。因此，本书开发的中国海外项目经理悖论领导行为测量量表具有很好的内容效度。

（2）区分效度

表5-9展示了中国海外项目经理悖论领导行为量表区分效度的结果，通过计算各因素间的相关系数取值在0.628 ~ 0.760之间，低于所述平均变异抽取量，说明测量量表的四个维度具有较好的区分效度（Bagozzi，1981）。

中国海外项目经理悖论领导行为的描述性统计和相关矩阵分析（N=186）　表5-9

维度	平均值	标准差	风险与机遇	利润与价值	规范性与灵活性	本土化特殊性与全球化普遍性
风险与机遇	4.071	0.682	1			
利润与价值	3.932	0.704	0.678**	1		

续表

维度	平均值	标准差	风险与机遇	利润与价值	规范性与灵活性	本土化特殊性与全球化普遍性
规范性与灵活性	3.881	0.707	0.679**	0.768**	1	
本土化特殊性与全球化普遍性	3.990	0.705	0.628**	0.653**	0.760**	1

注：** 表示 $P<0.01$（双侧检验）时，相关性是显著的。

（3）收敛效度与组合信度

本书使用软件 Mplus8.3 对开发的中国海外项目经理悖论领导行为量表进行验证性因子检验。具体而言，对量表各题项的因子载荷、平均方差萃取量 *AVE* 以及各因子之间的组合信度 *CR* 进行分析。首先，18 个测试题项的因子载荷均在 0.678 ~ 0.832 之间，超过了 0.55 的可接受水平（Hair et al.，2006）；其次，各潜在因子的题项所对应的 T 检验均在 $p<0.001$ 的水平上显著；此外，各维度平均方差萃取量（*AVE*）处于 0.526 ~ 0.583 之间，均大于理想值 0.5（Fornell & Larcker，1981）。进一步，组合信度 *CR* 均远大于 0.70 的标准（Amini-Tehrani et al.，2020）。证实本量表具有很好的收敛效度和组合信度，结果如表 5-10 所示。

收敛效度与组合信度分析结果（*N*=186）　　表 5-10

维度	题项	标准化因子载荷	*CR*	*AVE*
风险与机遇	CL_1	0.752 ***	0.834	0.559
	CL_2	0.678***		
	CL_3	0.720***		
	CL_4	0.832***		
利润与价值	CL_1	0.697***	0.838	0.564
	CL_2	0.722***		
	CL_3	0.793***		
	CL_4	0.788***		
规范性与灵活性	CL_1	0.739***	0.847	0.526
	CL_2	0.709***		
	CL_3	0.713***		
	CL_4	0.695***		

续表

维度	题项	标准化因子载荷	*CR*	*AVE*
规范性与灵活性	CL_5	0.768***	0.847	0.526
本土化特殊性与全球化普遍性	CL_1	0.659***	0.874	0.583
	CL_2	0.812***		
	CL_3	0.773***		
	CL_4	0.799***		
	CL_5	0.765***		

注：*AVE* 为平均方差萃取量，*CR* 为组合信度，*** 表示 $P < 0.001$（双侧检验）时，相关性是显著的。

通过表 5-11 中国海外项目经理悖论领导行为量表验证性因子分析结果可知：

（1）维度 1:风险与机遇，该因子 Cronbach's α 系数为 0.834，共由 4 个题项组成。主要表现为强调海外项目的风险既无法完全杜绝同时又与机遇并存，面对这一国际化管理中的悖论，需要外派管理者从全局出发，将风险与机遇置于更大的系统之中，找到项目风险与国际市场机遇之间相互依赖的关系。如“既能依据项目合同全面重视东道国的社会环境，又能抓住市场机遇”等。各题项的标准化因子载荷系数分别为 0.752、0.678、0.720、0.832，大于标准值 0.5（Ford et al.，1986）。

（2）维度 2:利润与价值，该因子 Cronbach's α 系数为 0.838，共由 4 个题项组成。主要表现为外派项目经理在跨文化情境下需要把握合理的标准，反对“过”与“不及”，在国际工程项目的利润和价值悖论之间取合理范围，实现利润与价值的最大化。如“既能保障项目正常的建设与运营，又能注重项目周边的生态环境保护”等。各题项标准化因子载荷分别为：0.697、0.722、0.793、0.788，大于标准值 0.5。

（3）维度 3：规范性与灵活性，该因子 Cronbach's α 系数为 0.847，共由 5 个题项组成。该维度体现在跨文化管理中，外派管理者通过对外部环境不确定性的灵活应对来调整内部组织制度的规范性，在实践当中处理问题要灵活运用、创造性地解决矛盾。如“既能强调项目审慎的决策过程，又能机动地应对国际项目的突发状况”等。各题项标准化因子载荷分别为：0.739、0.709、0.713、0.695、0.768，大于标准值 0.5。

（4）维度 4:本土化特殊性与全球化普遍性，该因子的 Cronbach's α 系数为 0.874，由 5 个题项构成。该维度体现外派项目经理需要把握本土员工的特殊性与全球标准普遍性之间的张力，积极引导下属共同完成工作任务，促成良好的沟通协作，达到“和而不同”的相处目标，实现张力间的和谐相处和共同繁荣。如“既能强调部门的独立性与差异性，又能注重跨文化部门间的协作沟通”等。各题项标准化因子载荷分别为：0.659、0.812、0.773、0.799、0.765，大于标准值 0.5。

中国海外项目经理悖论领导行为量表验证性因子分析结果（N=186） 表 5-11

维度	题项内容	标准化因子载荷	*CR*	*AVE*
风险与机遇	1. 既能依据项目合同全面重视东道国的社会环境，又能抓住市场机遇	0.752 ***	0.834	0.559
	2. 既能依据项目合同全面重视东道国的文化习俗风险，又能抓住市场机遇	0.678***		
	3. 既能依据项目合同全面重视东道国的合规（法律法规）风险，又能抓住市场机遇	0.720***		
	4. 既能依据项目合同全面重视东道国的公共安全风险，又能抓住市场机遇	0.832***		
利润与价值	5. 既能追求国际项目的合理利润，又能重视国际项目的进度和质量	0.697***	0.838	0.564
	6. 既能追求国际项目的合理利润，又能履行好对当地的社会责任	0.722***		
	7. 既能追求国际项目的合理利润，又能达到东道国的环保要求	0.793***		
	8. 既能保障项目正常的建设与运营，又能注重项目周边的生态环境保护	0.788***		
规范性与灵活性	9. 既能全面合规防范外汇的风险，又能灵活把握盈利的可能性	0.739***	0.847	0.526
	10. 既能规范控制国际保险的投入，又能最大范围减少国际项目风险造成的损失	0.709***		
	11. 既能控制本土用工的劳务风险，又能更好履行本土经营的社会责任	0.713***		
	12. 既能强调项目审慎的决策过程，又能机动地应对国际项目的突发状况	0.695***		
	13. 既能遵守当地的税收政策，又能灵活进行企业的纳税筹划	0.768***		
本土化特殊性与全球化普遍性	14. 既能适应当地医疗卫生条件的情况，又能积极推进卫生建设满足国际化基本医疗服务水平	0.659***	0.874	0.583
	15. 既能适应当地的自然及气候环境，又能根据情况营造国际化水平的居住和办公环境	0.812***		
	16. 既能在薪酬福利方面考虑多文化团队中员工的差异性，又能以公平的方式平等对待员工	0.773***		
	17. 既能强调部门的独立性与差异性，又能注重跨文化部门间的协作沟通	0.799***		
	18. 既能要求员工有工作的个体目标，又能符合多文化工作团队的集体目标	0.765***		

注：*** 表示 $P < 0.001$。

5.3.3　结构模型的竞争比较

为了检测基于理论构建的二阶因子结构模型是否最佳，本书采用因子结构模型进行竞争比较，将中国海外项目经理悖论领导行为测量量表有可能包含的维度模型进行比较和分析。本书提出了单维模型、二因子模型（两类）、三因子模型（三类）、四因子模型（利润与价值、风险与机遇、规范性与灵活性、本土化特殊性与全球化普遍性）和二阶四因子模型。表 5-12 显示了不同因子模型结构下的替代模型比较结果。从结果可以看出，将四因子作为独立变量时（即为四因子模型时），模型拟合度最优（*CFI*=0.952，*TLI*=0.943，*RMSEA*=0.062，*SRMR*=0.044），说明四因子是相互独立的概念范畴。将四因子合并为单因子模型后（*CFI*=0.871，*TLI*=0.854，*RMSEA*=0.098，*SRMR*=0.058）的各项指标最差，说明四因子之间具有较好的区分效度。其他模型统计分析显示的拟合优度值均不如四因子模型，由此，中国海外项目经理悖论领导行为的四因子模型作为独立概念维度时，具有的拟合显著性最优。

中国海外项目经理悖论领导行为因子结构的替代模型比较（*N*=267）　表 5-12

模型	χ^2	*df*	*CFI*	*TLI*	*RMSEA*	*SRMR*
基准模型	219.771	129	0.952	0.943	0.062	0.044
三因子模型 1（D_1+D_2、D_3、D_4）	270.340	132	0.926	0.915	0.075	0.049
三因子模型 2（D_1+D_3、D_2、D_4）	277.595	132	0.922	0.910	0.077	0.051
三因子模型 3（D_1、D_2+D_3、D_4）	243.686	132	0.941	0.931	0.067	0.047
二因子模型 1（D_1+D_2、D_3+D_4）	315.059	134	0.904	0.890	0.085	0.053
二因子模型 2（D_1+D_3、D_2+D_4）	366.972	134	0.876	0.858	0.097	0.057
单因子模型（D_1+D_2+D_3+D_4）	377.731	135	0.871	0.854	0.098	0.058
二阶四因子模型	225.838	131	0.950	0.941	0.062	0.045

注：D_1、D_2、D_3、D_4 分别代表风险与机遇、利润与价值、规范性与灵活性、本土化特殊性与全球化普遍性；“+”表示合并前后两个因子的测量题项。

通过探索性因子分析与验证性因子分析，获得了一个风险与机遇、利润与价值、规范性与灵活性、本土化特殊性与全球化普遍性四因子结构的跨文化悖论领导行为构念，以及包含 18 个题项的测量量表。经过探索性因子分析和验证性因子分析，量表具有良好的信度和效度。

5.3.4　中国海外项目经理悖论领导行为的预测效度检验

通过探索性因子分析和验证分析的检验后，中国海外项目经理悖论领导行为测量量表具有良好信度和效度。为更好检测量表的预测效度，本书将根据文献综述和质性访谈过程中迭代出的引发中国海外项目经理悖论领导行为的前因，以及中国海外项目经理悖论领导行为的作用结果，作为校标检验的前因变量和结果变量，从而对中国海外项目经理悖论领导行为进行预测效度的检验。

本书中进行预测效度检验的校标变量来源于文献综述以及质性访谈，根据访谈对象提到批判性思维的领导者认为事物矛盾的两个方面都是真实存在的，并找到动态共存的可能性来处理悖论；PLB-CM 源自传统中庸哲学，其精髓在于“执两端而允中”（杨中芳，2001）。因此，中庸价值取向对处于跨文化背景下的中国管理者采用非对抗方式应对冲突是一种可取指导；文化智力是当个体处于新的文化情境中，采取有效的应对措施适应环境的能力（Earley & Ang，2003），Avolio 等（2009）的研究也实证了具有高文化智力（CQ）的领导者能够在跨文化管理中更好地满足下属期望。由此，本书选取了批判性思维、中庸价值取向、文化智力三个变量作为中国海外项目经理悖论领导行为的前因变量，来验证量表的预测效度。此外，根据 Zhang 等（2022）研究证实悖论领导行为对任务绩效有显著正向影响；在国际项目实践过程中，为应对外界复杂的环境变化，适应性绩效一直是外派管理者的工作重点，悖论领导对适应性绩效的影响研究也得到证实（Denison et al.，1995；李锡元和夏艺熙，2022）。因此，本书还选取了任务绩效和适应性绩效作为结果变量，呼应前人研究的悖论领导行为对绩效的关系假设，以期验证中国海外项目经理悖论领导行为与任务绩效关系也存在正向影响。具体校标检验的假设关系如图 5-1 中国海外项目经理悖论领导行为的前因与结果模型所示。

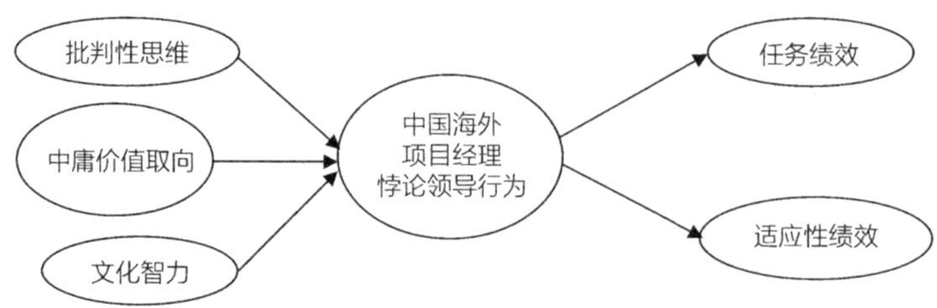

图 5-1　中国海外项目经理悖论领导行为的前因与结果模型

1. 预测性假设

（1）批判性思维与中国海外项目经理悖论领导行为

批判性思维是一种有目的的、自我调节的判断，进而改善思维，是合理的、反思性的思维，即思维技能和思维倾向（Facione et al.，1995）。批判性思维包括分析论据、使用、归纳或演绎推理、判断或评估、决策或解决问题（Lai，2011）。一项来自尼日利亚的调查数据显示，如果不对尼日利亚教育部门的管理人员嵌入具有批判性思维的道德领导力，尼日利亚的高等教育将永远处于“困境”（Uzoigwe et al.，2022）。可见，批判性思维对领导者的重要性。本书开发、界定的中国海外项目经理悖论领导行为作为一种在跨文化管理中，领导者采用看似竞争却相互关联的行为，同时或随时间推移满足中国企业项目团队在海外发展中的竞争性需求，具有整体性、适度性、权变性、和谐性特征。要求领导者全面地分析、判断、评估和解决问题。由此，提出以下假设：

假设 1：批判性思维与中国海外项目经理悖论领导行为具有正向关系。

（2）中庸价值取向与中国海外项目经理悖论领导行为

中庸价值取向是我们在认知环境及处理自我和环境时的导向，它既包含了全局性和辩证性的认知，也包含了“和”的价值取向（杨中芳，2009）。在复杂多变的国际环境中，领导者可能表现出不止一种类型的领导风格，吸收中庸价值取向的领导风格可以提升下属的工作能力（Guo & Hu，2021）。以整体视角和全局观念认识环境是中庸价值取向的基础（Yao et al.，2010）。悖论领导是一种能够同时带来稳定性和灵活性的领导风格，当面对冲突和矛盾时，从全局观出发，有助于组织管理把握不确定的外部环境（Sulphey & Jasim，2022）。同时，中庸价值观有助于高层管理人员保持开放和接纳组织成员见解，增强无偏见的信息（Li et al.，2019）。本书认为，在充满不确定性的国际市场中，从整体视角出发，更有助于领导者兼顾矛盾双方，表现出“两者兼而有之”的悖论领导行为。因此，提出以下假设：

假设 2：中庸价值取向与中国海外项目经理悖论领导行为具有正向关系。

（3）文化智力与中国海外项目经理悖论领导行为

文化智力指个人在文化多样化环境中有效运作和管理的能力，是针对种族、民族和国籍差异引起的跨文化交往的多维度结构（Earley & Ang，2003）。对于领导而言，文化智力（CQ）是一项越来越有价值的资产（Pidduck et al.，2022）。已有研究证实，文化智力视角，将文化作为领导者进行判断和决策的因果条件（Ang et al.，2021）。最近，来自吉隆坡的调查确定了文化智力对变革型领导的直接正向影响（Velarde et al.，2022）。本书所开发的跨文化悖论领导行为，具体探讨中国外派管理者在项目所在国如何领导多元化团队，实现中国海外项目团队从前期项目顺利开发到后期项目稳健运营的目标。带领多元文化团队，需要领导者具备有效运作和管理的能力。因此，提出以下假设：

假设 3：文化智力与中国海外项目经理悖论领导行为具有正向关系。

（4）中国海外项目经理悖论领导行为与任务绩效

任务绩效（Task Performance）是指与工作产出直接相关的，能够直接对其工作结果进行评价的绩效指标（Williams & Anderson，1991）。如果在不同文化中衡量领导效率，领导者情商和下属的任务绩效之间具有正向影响关系（Miao et al.，2018）。普通人员管理中的悖论领导行为（PLB-PM）对追随者角色内的绩效具有正向相关关系（Ishaq et al.，2021）。悖论领导行为通过增加员工在工作中的活力来提升员工的创造力和绩效（Yang et al.，2021）。由此可以推测，在跨文化背景下，悖论领导须首要满足在海外发展中的竞争性需求，因而其领导行为对中资企业项目团队的任务绩效具有较高提升作用。因此，提出以下假设：

假设 4：中国海外项目经理悖论领导行为与任务绩效具有正向关系。

（5）中国海外项目经理悖论领导行为与适应性绩效

适应性绩效就是广泛意义上的适应性行为，即当工作要求发生变化时，在一个任务中的学习可以有效迁移到另外一个任务当中（Pulakos et al.，2000）。现有研究证明，服务型领导可以促进员工的绩效和适应性绩效的四个维度（Kaltiainen & Hakanen，2022）。另外，在巴基斯坦纺织业中收集的数据显示，包容型领导通过工作活力的调节从而提高员工的适应性绩效（Qurrahtulain et al.，2022）。并且，悖论领导行为（普通员工中的）对员工的适应性绩效具有正向影响关系（Zhang et al.，2015）。由此，可以推测，在跨文化管理中，悖论领导行为使用两者兼顾的方式处理冲突和矛盾，从而有利于适应性绩效的提升。因此，提出以下假设：

假设 5：中国海外项目经理悖论领导行为与适应性绩效具有正向关系。

2. 研究设计

为检验上述研究假设，数据收集利用华电“一带一路”能源学院远程培训期间，以滚雪球的方式向培训学员发放问卷收集了样本（通过腾讯问卷的方式进行问卷编写和发放），以期检验中国海外项目经理悖论领导行为的预测效应。样本共计回收问卷 416 份，通过问卷有效性问题检验（设置“陷阱”题进行问卷筛选；剔除答题时间过短的问卷；删除答案全部相同的问卷；剔除填答不完整的问卷等），最终确认回收有效问卷 366 份，有效回收率为 87.98%。其中，男性占比 78.9%，女性占比 21.1%；

在员工年龄方面，以 31 ~ 35 岁和 36 ~ 40 岁年龄段的居多，分别为 28.1% 和 25.3%；在教育背景方面，本科及以上学历占比 91.6%；在工作年限方面，参加工作五年以上占比 78.5%。项目所在区域方面：东盟地区占 58.3%，西亚 18 国和南亚 8 国占 18.6%，中亚 5 国占 10.4%，非洲地区占 8.9%，其他地区占 3.8%。

测量中所采用的量表，除中国海外项目经理悖论领导行为由本书首创开发外，其余相关变量的测量量表，均选用现有研究中的成熟量表，并且具有良好的信度、效度。对于部分英文量表，则严格遵守“翻译—回译”的程序进行翻译使用。

（1）中国海外项目经理悖论领导行为（PLB-CM）

本书采用自行开发的中国海外项目经理悖论领导行为量表，共包含 18 个题项，涵盖 4 个维度：风险与机遇、利润与价值、规范性与灵活性、本土化特殊性与全球化普遍性。量表总体的 Cronbach's α 系数为 0.920，四个维度分量表的 Cronbach's α 系数分别为：0.882、0.896、0.900、0.921。本书采用李克特 5 点量表对所涉及的变量进行测量，1 表示“非常不同意”，5 表示“非常同意”。

在样本的基础上，本书对中国海外项目经理悖论领导行为的四因子模型再次进行了验证性因子分析，分析结果显示，四因子模型的拟合度最优，分别为 χ^2=396.393（p<0.001），df=146，$RMSEA$=0.080，CFI=0.942，TLI=0.932，$SRMR$=0.034，再次验证了本量表具有良好的结构效度。

（2）批判性思维（Critical Thinking）

采用江静和杨百寅（2014）修订的批判性思维量表，包括 5 个题项，例如：“根据问题，采取有针对性的策略”。采用李克特 5 点量表进行测量，1 代表“非常不同意”，5 代表“非常同意”，该量表的 Cronbach's α 系数为 0.780。

（3）中庸价值取向（Zhong Yong）

采用杜旌等（2014）开发的中庸价值取向测量量表，包括 6 个题项，例如：“与同事相处时，做到合理是不够的，还要做到合情”。采用李克特 5 点量表进行测量，1 代表“非常不同意”，5 代表“非常同意”，本量表的 Cronbach's α 系数为 0.833。

（4）文化智力（Cultural Intelligence）

采用 Ang 等（2007）开发的 20 题项四因子测量量表。因子分别为：元认知文化智力（Metacognitive CQ）、认知文化智力（Cognitive CQ）、动机文化智力（Motivational CQ）和行为文化智力（Behavioural CQ）。示例题项如：“当与来自不同文化的人们交往时，我检查自己文化常识的准确性”。采用李克特 7 点量表进行问卷测量，1 代表

“非常不同意”，7 代表 “非常同意”。该量表的 Cronbach’s α 系数为 0.946。

（5）任务绩效（Task Performance）

采用舒睿和梁建（2015）修订的任务绩效量表。该量表包含 3 个题项，例如:“在主要工作职责上，工作质量高，品质完美、错误少、正确率高”。采用李克特 5 点量表进行测量，1 代表 “非常不同意”，5 代表 “非常同意”。本量表的 Cronbach’s α 系数为 0.794。

（6）适应性绩效（Adaptive Performance）

采用陶祁和王重鸣（2006）开发的 25 题项四因子量表。因子分别为：压力和应急处理、人际和文化适应、岗位持续学习、创新解决问题。示例题项如：“与拥有不同文化背景的人维持良好的关系”。用李克特 5 点量表进行测量，1 代表“非常不同意”，5 代表 “非常同意”。该量表的 Cronbach’s α 系数为 0.946。

（7）控制变量

根据以往研究，本书的控制变量分别为性别、年龄和教育程度、工作年限、项目所在地等可能会影响研究所涉及的变量，因此，本书将这些人口统计学变量作为控制变量进行统计分析。

3. 研究结果

（1）描述性统计和相关分析

表 5-13 展示了各变量的均值、标准差以及变量之间相关系数。由图 5-2 悖论领导行为的前因与结果校标检验模型可知，悖论领导行为的前因预测变量：批判性思维（β=0.517，p<0.001）、中庸价值取向（β=0.174，p<0.01）、文化智力（β=0.077，p<0.05）存在着显著的正向关系。另外，悖论领导行为的结果预测变量：任务绩效（β=0.469，p<0.001）、适应性绩效（β=0.756，p<0.001）。中国海外项目经理悖论领导行为对适应性绩效的影响关系与 Zhang 等（2015）的研究结果一致，说明中国海外

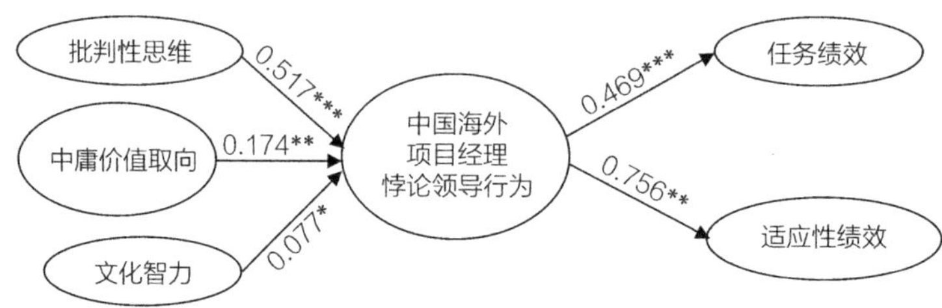

图 5-2　中国海外项目经理悖论领导行为的前因与结果校标检验模型

项目经理悖论领导行为（PLB-CM）与适应性绩效的关系和普通人员管理中的悖论领导行为（PLB-PM）研究结果具有一致性。

（2）中国海外项目经理悖论领导行为的预测性验证

为了更好地检验中国海外项目经理悖论领导行为的预测效度，本书应用SPSS22.0开展层级回归分析，分析结果如表5-14所示。

从上表M2、M4、M6的结果可以看出，中国海外项目经理悖论领导行为与前因效标变量：批判性思维（β=0.517，p<0.001）、中庸价值取向（β=0.174，p<0.01）、文化智力（β=0.077，p<0.05）存在着显著的正向影响关系，因此，假设1、假设2、假设3都得到了支持。跨文化悖论领导行为与结果效标变量：任务绩效（β=0.469，p<0.001）、适应性绩效（β=0.756，p<0.001）也存在着显著的正向影响关系，假设4、假设5得到了支持。因此，中国海外项目经理悖论领导行为对任务绩效和适应性绩效都具有良好的预测效果。结合前因效标和结果效标的检验结果，可见，本书开发的中国海外项目经理悖论领导行为具有良好的校标效度。

5.4　本章小结

本章旨在开发中国海外项目经理悖论领导行为的测量量表，如此可为后续实证研究提供科学可靠的测量工具。通过对质性研究结果的梳理和量化研究的开展，本章对自行开发的中国海外项目经理悖论领导行为测量量表进行了信度与效度检验。具体而言：

首先，基于扎根理论分析的结果，将4维度25个题项原始量表通过专家讨论，剔除4条有异议题项。形成21题项中国海外项目经理悖论领导行为初始量表。其次，使用探索性因子分析（N=297）进行检验，最终获得了一个包含四因子的中国海外项目经理悖论领导行为概念模型，保留了18个题项。探索性因子分析结果与前文的理论构想基本一致，且各测量条目之间的内部一致性较好，总体而言该量表具有较好的测量信度。再次，通过验证性因子分析（N=186）确定了量表四因子稳定结构，检验了该量表具有良好的信度、效度。最终获得包含18个题项，风险与机遇、利润与价值、规范性与灵活性、本土化特殊性与全球化普遍性四因子结构的中国海外项目经理悖论领导行为测量量表。为后续中国外派管理者领导能力的实证研究提供了可靠的测量工具。最后，通过校标测试（N=366）发现：批判性思维、中庸价值取向、

涉及变量的描述性统计以及相关系数（N=366）

表 5-13

变量	1	2	3	4	5	6	7	8	9	10	11
年龄	—										
性别	−0.146**	—									
学历	0.112*	−0.135**	—								
工作年限	−0.128*	0.849**	−0.191**	—							
项目所在地	−0.008	−0.013	−0.02	0.052	—						
PLB-CM	−0.028	0.052	−0.021	0.049	−0.031	（0.944）					
批判性思维	−0.065	0.017	0.018	−0.014	−0.04	0.630**	（0.780）				
中庸价值取向	0.099	−0.019	0.003	−0.013	−0.119*	0.471**	0.523**	（0.833）			
文化智力	0.061	−0.046	0.102	−0.024	0.011	0.409**	0.472**	0.430**	（0.946）		
任务绩效	−0.025	0.033	0.017	0.054	0.005	0.485**	0.533**	0.497**	0.433**	（0.794）	
适应性绩效	−0.07	0.028	0.047	0.015	0.01	0.570**	0.598**	0.522**	0.642**	0.533**	（0.946）
平均值	1.13	5.11	3.24	4.86	2.72	3.9054	4.0530	4.0897	5.0858	4.1148	5.3651
标准差	0.338	1.472	0.620	1.036	2.260	0.62021	0.58748	0.60156	0.88484	0.59899	0.82042

注：1 年龄；2 性别；3 学历；4 工作年限；5 项目所在地；6 跨文化悖论领导行为；7；批判性思维；8 中庸价值取向；9 文化智力；10 任务绩效；11 适应性绩效。

*、** 分别表示 $P<0.05$、$P<0.01$（均为双侧检验）；括号内为各个变量的信度系数。

回归分析与假设检验结果（N=366）　表 5-14

变量	中国海外项目经理悖论领导行为（PLB-CM）		任务绩效		适应性绩效	
	M1	M2	M3	M4	M5	M6
年龄	−0.036	−0.016	−0.041	−0.024	−0.177	−0.149
性别	0.012	0.002	−0.022	−0.027	0.024	0.015
学历	−0.011	−0.030	0.031	0.037	0.076	0.084
工作年限	0.013	0.030	0.059	0.053	−0.017	−0.027
项目所在地	−0.009	0.001	0.000	0.004	0.005	0.011
批判性思维		0.517***				
中庸价值取向		0.174**				
文化智力		0.077*				
PLB-CM				0.469***		0.756***
R_2	0.004	0.437	0.005	0.239	0.009	0.334
ΔR_2	0.004	0.432	0.005	0.234	0.009	0.325
F	0.315	34.582***	0.354	18.830***	0.643	29.965***

注：样本量 N=366；表中回归系数为非标准化值；*、**、*** 分别表示 $P<0.05$、$P<0.01$、$P<0.001$（均为双侧检验）。

文化智力作为前因校标变量对中国海外项目经理悖论领导行为均具有正向的预测效应。并且，中国海外项目经理悖论领导行为对结果效标变量的任务绩效和适应性绩效具有正向的预测效应。其中，中国海外项目经理悖论领导行为和适应性绩效的关系与 Zhang 等（2015）的实证结果吻合。但是，国际化情境下悖论领导行为对员工、团队、组织将会产生哪些异样的影响，则有待进一步探索和验证。

本章内容是在前一章构建中国海外项目经理悖论领导行为理论研究的基础上，进一步量化检验了中国海外项目经理悖论领导行为的结构维度，在本书对于中国海外项目经理悖论领导行为的整体研究中起到承前启后的衔接作用。

第 6 章　中国海外项目经理悖论领导行为对团队绩效的链式中介作用

6.1　研究目的

本书在第 3 章以越南头顿光伏发电项目为例，基于序关系的综合评价方法对越南光伏发电项目冲突矛盾进行评估，从而挖掘中国海外项目经理悖论领导行为的新概念。第 4 章采用扎根理论研究方法，展开中国海外项目经理悖论领导行为结构维度、初始量表以及理论框架的质性研究。第 5 章运用定量研究对中国海外项目经理悖论领导行为的初始量表进行量化分析，验证了 4 维度 18 条目的正式量表的信度和效度。为进一步验证中国海外项目经理悖论领导行为的预测效应，本章将采用社会信息加工理论，深度探究中国海外项目经理悖论领导行为的作用机制以及对团队绩效提升的链式中介路径。最终，提出解决中国海外项目团队绩效较低的治理路径，分别是“中国海外项目经理悖论领导行为→信息深度加工→团队绩效”和“中国海外项目经理悖论领导行为→批判性思维→团队绩效”，有效帮助中国海外项目团队领导者带领多文化团队提升绩效水平。

6.2　理论基础与研究假设

6.2.1　团队绩效的影响前因

从狭义方面讲，团队绩效指代团队绩效的完成，即对原定任务和定期计划的完成情况。而从广义方面讲，团队绩效囊括更多内容，Hackman（1987）和 Sundstorm 等（1990）认为，团队绩效不完全以最终的团队绩效为指标，还包含完成任务过程中，成员的满意度和整体能力的提升。Horwitz S.K. 和 Horwitz I.B.（2007）指出：团队绩效主要包含主客观两方面的产出，其中主观产出为成员关系、工作满意度，以及应急预案，而客观产出为团队目标实现以及团队生产力。本书的主要内容为中国海外项目经理悖论领导行为与团队层面绩效间的关系及其影响机制，于是在结合本书构思架构基础上,决定采用广义的团队绩效概念。纵观国内外关于广义团队绩效的研究，归纳总结出两个特点：首先，多因素性。团队绩效是在多种因素发挥作用条件下产生的结果总和；其次，多维度性。不能将任务绩效视作团队绩效的单一指标，其他很多方面的指标也是必不可少的，如员工满意度、组织承诺和团队任务绩效等。综上所述，本书中的团队绩效（Team Performance）包括三个方面：①组织目标实现程度；②团队成员的过程满意感；③团队成员持续协作的整体能力（Guzzo & Shea，1992）。其中包含团队任务绩效、员工满意度、组织承诺三方面内容。

团队绩效受制于诸多因素的影响，对前因变量的深入研究是提高团队绩效最直接的方法。有学者研究指出，人力资源要素、领导支持要素，以及团队关系要素都与团队成功相关（Hackman & Wageman，2005）。具体到影响团队绩效的前置因素，目前学者的研究主要集中于对团队内部因素的探讨，涵盖了团队层面的激励与决策制度、个体层面的成员间沟通与冲突，以及组织层面的结构建设与技术能力（蒋跃进和梁樑，2004）。因此，将影响团队绩效的前因变量概括起来主要包括领导作用、团队成员关系情况、个体特征，及组织氛围因素这四个方面。除此之外，财务情况、组织规模大小以及人力资源建设状况等组织因素也是团队绩效的重要影响因素。Castka 等（2001）曾构建了高绩效团队的双因素概念模型，从人力资源因素和系统性因素入手，系统探索了组织的内外部互动、组织情境因素、组织文化以及组织成员心理需要等因素对团队绩效的影响机理。陈悦明和葛玉辉（2007）则以国有企业高层管理团队为研究对象，探索了影响绩效的权变因素以及权变因素的变化对团队绩效产生的具体影响。借鉴上述已有研究成果，本书以“中国海外项目经理悖论领导行为对团队绩效的影响机理”为主线，主要探讨领导行为因素在团队绩效影响方面发挥的作用。

研究发现，领导风格是影响团队绩效的重要因素，其领导者自身的能力、素质水平和行为与员工动机、满意度密切相关，并最终体现在团队绩效数字方面（Judge & Piccolo，2004）。有学者研究魅力型领导（Conger et al.，2000）、变革型领导和交易型领导对团队绩效的影响（Bass et al.，2003），研究结果发现，领导对团队绩效的作用经过团队效能的中介，以及团队凝聚力的调节。另有学者研究了交易型领导、变革型领导，以及权变型领导对团队绩效的关系，研究显示，变革型领导与权变型领导正向影响团队绩效（Judge & Piccolo，2004）。王永丽等（2009）则验证了授权型领导能够对团队绩效产生显著的正向影响。有学者研究了权变型领导对组织绩效的影响，结果验证了两者的正相关作用（Jacobsen & Andersen，2017）。Chan（2020）实证了变革型领导通过员工自我效能感对绩效的影响机制。Zaim 等（2021）通过来自伊拉克库尔德斯坦地区私营公司的 408 名员工的调研数据，实证了道德型领导对领导有效性和团队绩效存在正向相关关系。

虽然国内外学者针对团队绩效已经从组织、团队、个体层面开展了众多的研究（图 6-1）。然而不同文化背景的研究者对于团队绩效的概念和测量存在大同小异的描述和理解，已有研究针对领导因素对团队绩效产出的作用机理进行了一定的探讨，但缺乏在跨文化团队情境下的分析。国内鲜有的领导力对跨文化团队影响研究中，作用及影响也局限于团队的有效性（刘追和闫舒迪，2015）、团队工作重塑（刘追和刘媛媛，2021）和领导效能（郑弘，2014）方面，并未对跨文化团队绩效的产出做出深入的实证量化分析。也有学者证实了变革型领导对中外籍员工团队绩效具有正向显著影响，但只验证了团队效能感的中介作用，对于诸如情绪智力、团队冲突、成员适应性，以及基于文化差异的排斥行为和团队异质性等文化相关的情境变量，尚未涉及。于是衍生出一个值得反思的问题（严燕，2013）：这些基于欧美的样本和

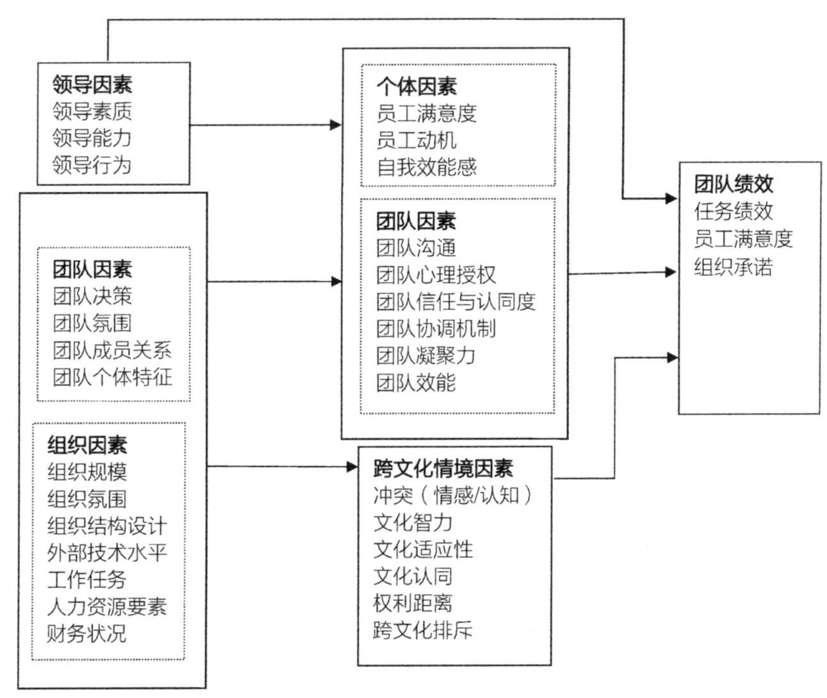

图 6-1 团队绩效的影响前因模型

资料来源：根据相关文献整理而成。虚线部分是已有研究整理，实线部分是尚未研究部分。

领导力理论开发出的领导力产品，是否适合于中国企业？其有效性如何保证？并建议，基于中国传统文化，构建具有本土特色的跨文化领导力理论和模型。在充满不确定的跨文化情境中，团队绩效对于企业的发展至关重要。因此，在前几个章节较为全面地认识跨文化悖论领导行为的基础上，以社会信息加工理论为切入视角，细致地阐述中国海外项目经理悖论领导行为影响团队绩效的路径机制。

6.2.2 研究背景

“一带一路”倡议提出建设“新丝绸之路经济带”和“21 世纪海上丝绸之路”的构想蓝图，自 2013 年提出以来，为我国企业“走出去”创造了难得的历史机遇。身处跨文化新生态和新环境中的中国企业，正面临复杂性、不确定性、多元性的跨文化挑战（杨壮，2017），中资企业在“走出去”过程中主要以项目团队为组织形式，建立团队的目的是适应外部战略环境的要求以提升组织内部的团队绩效，团队绩效将“团队管理”与“绩效管理”相互融合。因此，外派项目经理如何将跨文化团队绩效富有成效地落到实处，是每位中国外派项目经理必须深入思考和不断探究的关于领导力的核心问题。团队绩效的高效产出是中国海外项目团队不断蓬勃发展的来源，并能促进中国对外投资企业获得较为长远的发展。

《中庸》言:“致中和，天地位焉，万物育焉。”“万物并育而不相害，道并行而不相悖。”含义是在达到中和的条件下，从全局出发实现天地物的和谐共处与繁荣生长。中国海外项目经理悖论领导行为以中国传统中庸哲学为基石，在跨文化管理中，领导者采用看似竞争却相互关联的行为，同时或随时间推移满足中国企业项目团队在海外发展中的竞争性需求。悖论领导行为的处事之道，超越西方孤立矛盾双方，假设一方“是”，则另一方即“非”的两者选其一的方式。采取“两者兼而有之”的悖论整合行为，能够更合理地处理跨文化冲突与矛盾，从而使中国海外项目团队应对国际市场环境变化持续改进，进而更具有国际竞争优势。

团队绩效是中国海外项目团队能否在国际市场良好发展的关键性指标，然而，悖论领导行为对团队绩效提升的中介路径研究却受到忽视，尚未进行深入挖掘。现有研究中，探索悖论领导行为对结果变量作用的中介机制研究集中于社会认知视角（Yang et al.，2019；Li et ak.，2021）、动机视角（Vallerand et al.，2010；Shao et al.，2019）、过程视角（Anderson et al.，2014；罗瑾琏等，2015；杜娟等，2020）、社会交换视角（孙柯意和张博坚，2019；Xue et al.，2020），在路径研究和出发视角方面还有待深入挖掘。因此，中国海外项目经理悖论领导行为对团队绩效的作用机制亟须以全新的视角进行解构。

现有研究证实，悖论领导行为对员工情绪稳定性、工作投入、目标清晰等因素均有积极的预测效应（Fürstenberg et al., 2021; Park et al., 2021）。国内也有研究证实，员工的批判性思维对工作绩效具有积极的预测效应（江静等，2019），并且批判性思维在领导行为对员工创造性问题解决之间具有中介作用（居兴勇等，2021）。但这些研究基于工作需求 - 资源模型或自我决定理论，主要限于对员工个体层面行为和绩效的影响，且并未进一步探讨复杂情境下，领导如何通过对团队层面的影响进而促进团队绩效提高的内在作用机制。事实上，在高度复杂和不确定的国际市场，探讨中国海外项目团队的跨文化悖论领导，这一新型领导风格对团队绩效的作用尤为重要。因此，本书基于社会信息加工理论，选择跨文化悖论领导行为作为切入点，以信息深度加工和批判性思维为重要变量，挖掘跨文化悖论领导行为对团队绩效之间潜在的桥梁机制并提供定量分析的实证支持。

社会信息加工理论认为，当个体处于复杂、多变、模糊的工作环境时，首先会主动获取与工作态度、工作行为等因素相关的社会信息（Salancik & Pfeffer，1978）。Lau 和 Liden（2008）研究证实，作为组织中重要工作信息源，领导行为可能通过工作信息源的处理进而影响到团队绩效的水平。Rego 等（2017）探索了谦卑型领导通过提升团队成员的心理资本以及团队任务分配的有效性，进而提升团队绩效。因此，跨文化悖论领导行为作为跨文化情境中重要的信息资源，会对其在工作场所中的信息处理产生影响，进而影响中国海外项目团队的绩效产出。因此，本书将中国海外项目经理悖论领导行为作为团队绩效的重要前因，并整合信息深度加工、批判性思维和信息加工理论构建出一个链式中介模型：跨文化悖论领导行为→信息深度加工→批判性思维→团队绩效（图 6-2）。同时，通过收集 476 名中国海外项目团队中的外派管理者数据，实证检验中国海外项目经理悖论领导行为对团队绩效的链式中介作用机制。

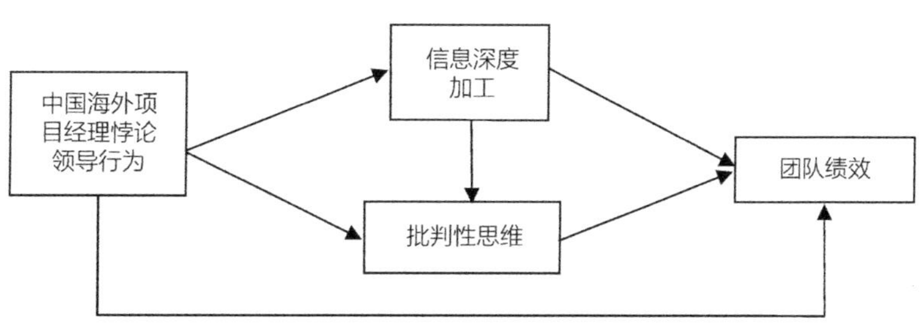

图 6-2　中国海外项目经理悖论领导行为对团队绩效的影响路径模型

6.2.3　中国海外项目经理悖论领导行为与团队绩效

悖论领导行为被定义为采取看似竞争但又相互关联的行为来同时回应追随者的需求（Zhang et al.，2015）。即领导者采取“双管齐下”的行为，同时接纳和整合相反的需求，以从悖论背后的意图中获益（Smith & Lewis，2011）。首先，在领导力的研究中，情境的重要性一直被强调（Liden & Antonakis，2009）。与一般的积极领导行为相比，在特定的情境下，特定的领导行为侧重影响特定的实践结果（Zheng et al.，2020）。因此，依据信息加工理论，领导者会更加依赖其在工作环境中提取的信息，据此对其工作态度与行为做出调整（Salancik & Pfeffer，1978）。在工作压力和综合复杂性都较高的情况下，悖论领导可以有效提高员工的自我效能感和创新性（Shao et al.，2019）。自上而下的领导合法权利感也可以中介悖论领导行为对工作绩效的作用（Zhang & Liu，2022）。社会信息加工理论认为，领导者作为重要的信息源，会通过对团队氛围的塑造，进一步对团队有效性产生积极影响（Yang et al.，2019）。其次，社会信息加工理论同样适用于组织的各个层面，有利于塑造团队层面的相关结果（Rego et al.，2017；Priesemuth et al.，2014）。基于此，本书认为，在复杂情境中，中国海外项目经理悖论领导行为会对团队氛围塑造产生积极影响，最终提升团队绩效。综上，提出如下假设：

假设1：中国海外项目经理悖论领导行为对团队绩效具有正向影响。

6.2.4　信息深度加工的中介作用

信息深度加工是多样性团队产生积极效应的主要过程，是团队成员之间进行观点和信息交换，并进行加工和处理后将整个观点反馈给个体或者团队，再对其进一步整合与利用，从而对个体和团队产生作用的过程（Van Knippenberg et al.，2004）。

根据社会信息加工理论，领导者基于工作情景的互动，有助于加深或者形成对自己需求、价值观和认知的理解（Yang & Treadway.，2018），由此，在跨文化管理中，悖论领导行为作为一种重要工作场所信息来源，会促进对团队及个体的交流互动和信息加工，从而提高团队绩效的产出。有研究证实：悖论领导行为会导致员工产生矛盾的心理，为了减轻矛盾心理的不适，从而在工作中产生更大的创造力（Zheng et al.，2022）。Kearney等（2019）基于悖论的视角研究发现，当领导者同时制定有远见的和授权的领导行为并采取“兼而有之”的方法时，悖论领导行为通常目标清晰且对下属绩效产生更积极的影响。另外，现有研究结果表明，领导行为对团队信息深度加工具有积极影响（Cai et al.，2017）。Priesemuth等（2014）的研究发现，团队的辱虐管理会影响团队认同和团队效能，从而对团队绩效产生影响。作为影响团队的重要因素，领导行为会通过信息深度加工对团队任务发挥重要作用（Van Ginkel & Van Knippenberg，2012）。基于社会信息加工理论现有研究分析，提出以下假设：

假设2：中国海外项目经理悖论领导行为正向影响信息深度加工。

假设3：信息深度加工在中国海外项目经理悖论领导行为与团队任务绩效之间起中介作用。

6.2.5 批判性思维的中介作用

批判性思维是以质疑为基础，以判断为核心（Jiang & Yang，2015），是一种有目的的、自我调节的判断，这种判断是基于一定的证据、方法和语境，它可以产生分析、评价和推论（Facione et al.，1997）。

社会信息加工理论认为，人们所处的环境，包括工作环境和社会环境，充斥着诸多影响其心理、态度与行为的信息，人们通常会通过对信息的处理与加工来理解他们的工作环境，其态度和行为正是在这一信息处理过程中被塑造的（Salancik & Pfeffer，1978）。由于批判性思维是处理悖论的主要工具，支持和鼓励批判性思维是在未来“环境动荡”背景下发展有效领导过程的一个关键特征（Novelli & Taylor.，1993）。现有研究证实，批判性思维不但对高级工商管理人员的学业成绩有积极影响（D’Alessio et al.，2019）。并且，批判性思维愈发成为提高工作绩效的关键能力。

在复杂多变的情境条件下，领导者将批判性思维与创造性思维相结合是至关重要的（Schiuma et al.，2021），悖论领导行为是批判性地将矛盾性的挑战进行整合和授权，在调和集体规则与追随者的个人需求的对立面之间实现动态平衡（Volk et al.，2022）。社会信息加工理论认为，员工的工作态度和行为具有一定的社会情境性，模糊复杂的社会情境能够影响个体态度和行为（Salancik & Pfeffer，1978）。基于此，悖论领导行为可以整合跨文化复杂环境中各种矛盾间张力，进一步分辨与融合工作环境特征，具备批判性思维的管理者能有条不紊地处理工作中的重点和难点，进而有效提升团队绩效水平。综上，提出如下假设：

假设4：中国海外项目经理悖论领导行为正向影响批判性思维。

假设5：批判性思维在中国海外项目经理悖论领导行为与团队绩效之间起中介作用。

6.2.6 链式中介作用

在多样化的团队中，信息深度加工能够将其广泛的知识资源转化为复杂问题的可行解决方案。通过集体领导进行的团队和成员个体的信息深度加工，提供在工作场所“愿意做”的动机，进而提高绩效水平（Resick et al.，2014）。在高不确定的工作情境下，领导采取两者兼顾的悖论领导行为从而对绩效产生影响，是通过信息深度加工和批判性思维进行有效传递的过程。

根据社会信息加工理论，在不确定性高的工作情境下，团队成员为了自身利益需要通过处理周围重要的工作场所信息来调整自己的态度（Yang et al.，2019）。跨文化管理中，悖论领导行为有利于信息的深度加工，进而调整自己对事物客观批判的思维态度。在东南亚的研究样本显示，悖论领导行为通过增加下属的紧张情绪，从而影响工作状态（Tripathi et al.，2018）。此外，根据社会信息加工理论，团队成员会通过对信息的处理与加工来理解他们的工作环境，其态度和行为正是在这一信息处理过程中被塑造的（Salancik & Pfeffer，1978）。事实上，作为工作场所重要信息来源的中国海外项目经理悖论领导行为，领导团队需要做出重要的信息处理过程，从而塑造随后具有批判性的态度和行为，进而影响团队绩效的产出。基于以上分析，本书认为信息深度加工和批判性思维在中国海外项目经理悖论领导行为对团队绩效影响中很可能起到链式中介作用，即中国海外项目经理悖论领导行为→信息深度加工→批判性思维→团队绩效。基于此，提出如下假设：

假设 6：信息深度加工和批判性思维在中国海外项目经理悖论领导行为与团队绩效关系间起链式中介作用。

6.3 研究方法

6.3.1 研究设计及样本

本书调研对象是“一带一路”沿线国家的中资企业中的主管领导及其下属员工（包括英文水平较高的本土员工），涉及能源电力、基础设施、交通运输、装备制造、贸易服务、技术运营等行业领域，样本涵盖柬埔寨、印度尼西亚、巴基斯坦、俄罗斯、越南、孟加拉国等 13 个国家和地区。选取此类企业样本基于以下考虑：①首先，能源和运输行业是我国面向“一带一路”沿线国家直接投资和建造合同的主体，此类企业为解决跨文化情境下任务绩效问题提供了良好的试验田；②其次，主管领导均为中国籍外派管理者，下属员工以外派中国员工为主体外加英文能力较好的本土员工，为探究在跨文化情境下悖论领导行为对多元化团队绩效提升路径提供有力保障。

③最后，样本国家来源的多样性与典型性，可以有助于增加研究结果的外部效度。本书作者是华电“一带一路”能源学院平台继续教育项目负责人，借助以往对外派人员培训资源来获取调查数据。数据发放采用腾讯问卷链接进行电子版本问卷发放。为了降低社会称许性差异对研究结果的干扰，问卷采用匿名填答，并在正式发送问卷链接前，如实说明调查问卷的目的及其保密性。参与填答问卷的人员均可获得相应奖励。

本研究共发放问卷562份。通过对回收的问卷进行筛选，主要剔除的问卷包括填写时间少于180s，变量选项完全一致，问卷出现漏题情况以及“太阳是否东升西落”未正确填答者。最终得到476名外派管理者的有效问卷。问卷有效回收率为84.7%，对有效外派管理人员样本进行描述性统计，可以发现样本年龄，以31～35岁和36～40岁的居多，占比分别为28.8%和29.4%。而性别方面以男性居多，占比77.2%，女性占比22.8%，这可能与他们的外派工作性质有关。在受教育水平方面，本科学历占48.7%，研究生及以上学历占比为29.2%。外派工作经验3～5年占比17.6%，5～10年占比28.2%，10～20年占比36.1%。项目所在区域方面：东盟地区占47.3%，西亚18国占比18.7%，南亚8国占17.6%，中亚5国占8.2%，其他地区占8.2%。

考虑到跨文化情境下测量的有效性，本书中的英文量表均按照“翻译—回译”程序进行了修订，然后将中文问卷以链接方式发放给中方外派管理者进行数据采集。

6.3.2　测量工具

本书涉及的变量中，除中国海外项目经理悖论领导行为是前文中自行开发和检验的量表外，其他信息深度加工、批判性思维和团队绩效三个变量，均选取了国内外权威期刊中信效度较高、被较多学者验证过的成熟量表。

（1）中国海外项目经理悖论领导行为（PLB-CM）

对于中国海外项目经理悖论领导行为的测量，本书采用前文中开发及检验的跨文化悖论领导行为量表，该量表共18个题项，包含风险与机遇、利润与价值、规范性与灵活性及本土化特殊性与全球化普遍性四个维度，具体题项如“既能依据项目合同重视东道国的社会环境，又能抓住国际市场机遇”“既能追求国际项目的合理利润，又能重视国际项目的进度和质量”“既能强调项目审慎的决策过程，又能机动地应对国际项目的突发状况”“既能尊重本土员工的利益诉求，又能维护多文化团队的人际关系和谐”。基于Likert-5点评分，该量表的Cronbach's α系数为0.963。

（2）信息深度加工（Information Elaboration）

对于信息深度加工的测量，本书采用 Kearney 等（2009）使用的信息深度加工量表，该量表共 4 个题项，题项如“本团队成员开放地分享各自的知识以弥补不足”“团队同事主动考虑替其他同事提供的独特信息”。采用 Likert-6 点评分，该量表的 Cronbach's α 系数为 0.907。

（3）批判性思维（Critical Thinking）

本量表采用江静和杨百寅（2014）翻译并修正的 Facione 等（1995）所开发的批判性思维 5 题项测量量表，包括“认真考虑问题背景，并慎重做出判断”“需求解决问题的可替代性方案”“愿意采纳超出现有程序或规章制度的可能解决方案”等题项；采用 Likert-5 点计分测量。本量表内部一致性系数 Cronbach's α 系数为 0.870。

（4）团队绩效（Team Performance）

团队绩效量表采用 Gonzalez-Mule 等（2014）开发的测量量表，包含“本团队实现了它的目标”“本团队取得了高绩效”“本团队对公司有很大的贡献”“本团队在整体成绩方面非常成功”四个题项。采用 Likert-5 点计分测量。团队绩效量表的 Cronbach's α 系数为 0.815，有良好的信度和效度。

（5）控制变量：本书对被试者的性别、年龄、学历、工作经验等变量进行控制，现有研究表明，这些变量与外派管理者的态度及团队绩效很可能产生一定的相关性，因此本书将其作为控制变量纳入模型。此外，由于本书中研究样本涉及多个国家和地区，因此将项目所在区域也纳入控制模型加以控制。

6.4 研究结果

6.4.1 效度检验

本书使用 Mplus8.3 进行验证性因子分析，检验理论模型涉及关键变量拟合情况。按照 Lisrel 的观点，若研究样本量未达到足够大的数量，同时模型所需调查题项较多，即使研究模型有较强的理论支撑，也很难使模型拟合系数实现理想标准。此时，项目打包是解决这一问题的常用有效方法（Bollen，1986）。据此，本书借鉴 Chen 等（2015）的做法，对信息深度加工和工作投入两个变量进行项目打包，使其获得与其维度数量相等的题项，随后再执行验证性因子分析程序。结果显示，模型 1 的四因子模型拟合情况最好，χ^2/df=3.531，$RMSEA$=0.073，CFI=0.958，TLI=0.949，

SRMR=0.034，说明变量之间具有良好的区分性（表 6-1），可以进行下一步的分析。

变量的验证性因子分析结果 表 6-1

模型	所含因子	χ^2/df	*RMSEA*	*CFI*	*TIL*	*SRMR*
模型 1	四因子：*PLB-CM*；*CT*；*IE*；*TP*	3.531	0.073	0.958	0.949	0.034
模型 2	三因子：*PLB-CM*；*CT+IE*；*TP*	9.009	0.130	0.864	0.839	0.064
模型 3	二因子：*PLB-CM*；*CT+IE+TP*	10.048	0.138	0.844	0.818	0.067
模型 4	二因子：*PLB-CM+CT+IE*；*TP*	13.435	0.162	0.7833	0.750	0.076

注：*PLB-CM* 表示跨文化悖论领导行为；*CT* 表示批判性思维；*IE* 表示信息深度加工；*TP* 表示团队绩效。

6.4.2 描述性统计与相关分析

本书利用 SPSS22.0 软件来检测中国海外项目经理悖论领导行为、信息深度加工、批判性思维与团队绩效之间变量的相关性，分析了各变量的均值、标准差以及相关性分析，结果如表 6-2 所示。从表中可以初步反映出各变量之间的合理关系和稳健性，以及相关理论支撑和研究假设是否基本相关。

变量的描述性统计如表 6-2 所示，可以看出，中国海外项目经理悖论领导行为与团队绩效显著正相关（r=0.66**，p<0.01），信息深度加工和批判性思维分别与团队绩效正相关，相关系数 r 为 0.65**（p<0.01）、0.76**（p<0.01），信息深度加工与批判性思维也正相关（r=0.60**，p<0.01），为接下来进行假设检验提供了初步支持。

描述性统计与相关分析 表 6-2

	M	SD	1	2	3	4	5	6	7	8	9
1. 性别	1.25	0.43	—								
2. 年龄	4.84	1.40	−0.09	—							
3. 教育水平	3.08	0.76	0.15**	−0.16**	—						
4. 工作经验	4.41	1.06	−0.10*	0.82**	−0.15**	—					
5. 项目地区	2.13	1.35	0.04	−0.01	0.05	0.04	—				
6. PLB-CM	3.97	0.73	−0.02	−0.08	−0.03	−0.03	0.05	(**0.96**)			
7. 信息深度加工	4.89	0.89	0.06	−0.10*	0.07	−0.07	−0.01	0.65**	(**0.91**)		
8. 批判性思维	4.07	0.73	−0.05	−0.07	0.01	−0.01	0.04	0.76**	0.60**	(**0.87**)	
9. 团队绩效	4.09	0.73	−0.07	−0.11*	0.00	−0.03	−0.02	0.66**	0.59**	0.67**	(**0.82**)

注：** 表示 p <0.01，* 表示 p <0.05，对角线括号内黑色字体为 *AVE*。

6.5 假设检验

基于描述性统计和相关分析的结果，本书将利用统计分析软件 SPSS22.0 对研究的各变量进行假设检验，以进一步探析变量间的相关关系，并以此来印证所提出的研究假设及理论支撑。

6.5.1 中国海外项目经理悖论领导行为对团队绩效的影响机制直接效应检验

表 6-3 描述了中国海外项目经理悖论领导行为依次通过信息深度加工和批判性思维影响团队绩效的回归结果。首先，由模型 3 可知，假设 1 指出跨文化悖论领导行为会对团队绩效产生显著的正向影响（β=0.654，p<0.001），由此假设 1 得到验证。其次，由模型 1 可以看出，中国海外项目经理悖论领导行为对信息深度加工呈显著正相关，其回归系数为 0.795，并且显著（β=0.795，p<0.001），假设 2 得到印证。再次，由模型 2 可知，中国海外项目经理悖论领导行为对批判性思维有显著正相关，其回归系数为 0.632，并且显著（β=0.632，p<0.001），假设 4 得到支持。最后，进一步地，由模型 4 分析可知，信息深度加工和批判性思维对团队绩效的回归系数分别为 0.177 和 0.338 且显著（β=0.177，p<0.001；β=0.338，p<0.001）。目前直接效应的数据结果为后续中介效应的检验奠定了良好的基础。

层次回归分析结果　　表 6-3

预测变量		信息深度加工	批判性思维	团队绩效	
		模型 1	模型 2	模型 3	模型 4
	常量	1.506	0.803	1.648	1.032
	性别	0.121	−0.083	−0.095	−0.095
控制	年龄	−0.009	−0.038	−0.076*	−0.061
	教育程度	0.084*	0.017	0.021	−0.004
	工作经验	−0.016	0.055	0.075	0.060
	项目地区	−0.033	0.003	−0.029	−0.023
自变量	中国海外项目经理悖论领导行为	0.795***	0.632***	0.654***	0.259***
中介	信息深度加工		0.153***		0.177***
	批判性思维				0.338***
R^2		0.435	0.594	0.447	0.537
F		60.219***	97.877***	63.079***	67.606***

注：*p <0.05，**p <0.01，***p <0.001。

6.5.2　结构方程模型的中介检验

为检验信息深度加工和批判性思维在中国海外项目经理悖论领导行为影响团队绩效过程中的链式中介效应，本书采用 Mplus8.3，bootstrap=10000 进行检验。结果如表 6-4 所示，路径 1：中国海外项目经理悖论领导行为→信息深度加工→团队绩效的间接效应为 0.171，CI=[0.058，0.304]，假设 3 得到验证。路径 2：中国海外项目经理悖论领导行为→批判性思维→团队绩效的间接效应为 0.276，CI=[0.138，0.438]，假设 5 得到验证。路径 3：中国海外项目经理悖论领导行为→信息深度加工→批判性思维→团队绩效的间接效应为 0.054，CI=[0.015，0.121]，假设 6 得到支持。同时，本书采用了结构方程模型进行中介效应的检验，更为直观地显示信息深度加工和批判性思维在中国海外项目经理悖论领导行为与团队绩效之间的链式中介效应（图 6-3）。

中介效应检验结果　表 6-4

	效应值	SE	LLCI	ULCI
路径 1：中国海外项目经理悖论领导行为→信息深度加工→团队绩效				
	0.171	0.062	0.058	0.304
路径 2：中国海外项目经理悖论领导行为→批判性思维→团队绩效				
	0.276	0.077	0.138	0.438
路径 3：中国海外项目经理悖论领导行为→信息深度加工→批判性思维→团队绩效				
	0.054	0.027	0.015	0.121

注：LLCI 和 ULCI 分别为 95% 水平上置信区间的下限和上限。

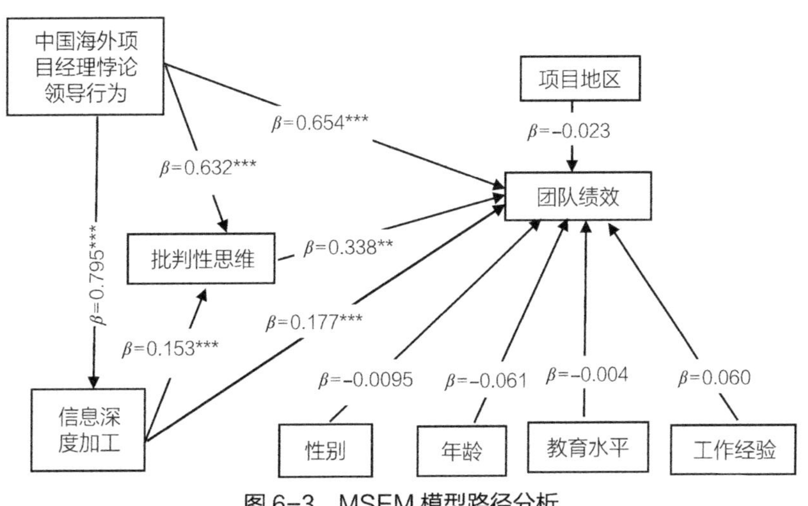

图 6-3　MSEM 模型路径分析

6.5.3 假设结果汇总

通过以上数据分析，前文所提出的假设均得到了验证，汇总结果如表 6-5 研究假设检验结果所示。

研究假设检验结果 表 6-5

序号	假设	结果
H_1	中国海外项目经理悖论领导行为对团队绩效具有积极的正向影响	支持
H_2	中国海外项目经理悖论领导行为正向影响信息深度加工	支持
H_3	信息深度加工在中国海外项目经理悖论领导行为与团队绩效之间起中介作用	支持
H_4	中国海外项目经理悖论领导行为正向影响批判性思维	支持
H_5	批判性思维在中国海外项目经理悖论领导行为与团队绩效之间起中介作用	支持
H_6	信息深度加工和批判性思维在中国海外项目经理悖论领导行为与团队绩效关系间起链式中介作用	支持

6.6 结论与讨论

6.6.1 结论讨论及理论贡献

跨文化管理中的团队绩效产出，必须帮助多元文化团队以尊重的态度面对态度、价值、行为、经验、背景和期望以及语言上的差异（Natale et al.，1995）。而如何实现多元文化背景下高质量完成团队绩效，是近年来实践管理和学术界研究的重点问题之一。本书为在跨文化管理中，悖论领导行为如何促进团队完成绩效任务提供依据。在驱动多元文化团队层面更为积极地完成团队绩效过程中，中国海外项目经理悖论领导行为的作用愈加有力。迥异于以往研究，本书不仅选取"一带一路"国家的中国海外项目团队作为调研对象，并且基于社会信息加工理论构建一个链式中介模型，旨在深入探讨中国海外项目经理悖论领导行为、信息深度加工、批判性思维、团队绩效之间的作用机制，结论和贡献如下：

本书首次探讨了在跨文化情境下，悖论领导行为对团队绩效的影响。悖论领导行为是一种具有建设性、兼顾利弊的领导行为。悖论领导行为对组织公民行为（Chen et al.，2021）、组织承诺（Tabarsa et al.，2018）和工作绩效（Kim et al.，2022）等许多积极工作结果的研究不断引起学者们的广泛关注，然而，关于悖论领导行为如何实现多元文化团队绩效的作用机制仍处于探索阶段。尤其是跨文化管理中的悖论领导行为，一直是悖论领导理论中的空缺。本书在开拓性使用独创中国海外项目经理悖论领导行为测量量表的基础上，从社会信息加工理论视角出发，首次将中国海外项目经理悖论领导行为与团队绩效联系起来，探索其作用机制。研究结论不仅验证了跨文化情境下悖论领导行为的有效性，同时，也启发更多学者开展在多元文化团队中关于中国海外项目经理悖论领导行为作为前因变量的研究。

打开了中国海外项目经理悖论领导行为对团队绩效作用的“黑箱”，验证信息深度加工与批判性思维在跨文化悖论领导行为与团队绩效之间的链式中介效应，并完整检验了社会信息加工理论。现有关于悖论领导行为对团队绩效的影响研究，大多局限于单一路径。例如：悖论领导行为影响团队绩效局限于团队封闭认知需求（She et al.，2020）的唯一中介效应。Sparr 等（2022）检验了变革感知作为仅有中介，在悖论领导行为对主动绩效中的桥梁作用。关于悖论领导行为如何通过链式中介桥梁，从而影响团队绩效过程的作用机理尚不明晰。本书选取信息深度加工、批判性思维这两个中介变量，基于社会信息加工视角，对中国海外项目经理悖论领导行为影响团队绩效的内在机制进行了探究。研究结果表明，中国海外项目经理悖论领导行为可以通过信息深度加工和批判性思维影响团队绩效，链式中介机制的发现有利于进一步详尽揭示中国海外项目经理悖论领导行为对团队绩效影响的信息加工过程，进一步充实了变量之间的理论框架。

本书丰富了信息加工理论在跨文化情境中的应用。通过中国海外项目经理悖论领导行为→信息深度加工→批判性思维→团队绩效的链式中介的研究，检验了信息加工的具体传导过程。探索了领导作为重要的信息源，对团队信息加工的直接影响，从而间接影响管理者批判性思维的确定，进而对团队绩效产生作用。进一步检验了现有研究基于社会信息加工理论关于领导影响的传输机制（Lau & Liden，2008；Rego et al.，2017），延伸了信息加工对团队层面的作用结果。

6.6.2　结论讨论及实践启示

中国企业对外“走出去”过程中，管理者需重视中国海外项目经理悖论领导行为的内涵以及作用功效。在跨文化情境中面对工作中的各种各样问题，信息深度加工是否能提升批判性思维的精准度，在很大程度上来源于悖论领导行为作为重要工作场所的信息源。在跨文化管理实践中，领导采取两者兼顾的悖论领导行为影响团队有效信息的深度加工和对事物客观的批判程度，进而为组织贡献更多绩效。在进行批判性思维选择的同时，应注意各国的文化差异，尊重本土化员工的个人信仰与当地风俗习惯，努力融入当地文化中，包容善待下属，尽显悖论领导在工作和生活上的双重关怀。

本书从中国海外项目团队中的管理者群体出发，深入探讨了完成团队绩效的前因机制，有利于更全面更系统开展国际化人力资源管理工作，更有效地利用人才，发挥多元团队的协同效应，帮助组织在高不确定性跨文化情境下有效完成团队绩效。国际化人力资源管理工作必须从领导与跨文化情境以及员工的需求匹配出发，为对外投资企业的发展寻求新的力量。积极营造包容的团队文化，应当从团队层面注意团队的信息深度加工和交流，适当适时地为组织和团队引进积极共享、交流、沟通的信息处理机制，注重多元文化团队中员工的情感交流及工作协同。

在领导海外项目团队的过程中，由于大部分外籍员工更多的是以人为本导向，他们渴望平等的关系（Chen et al.，2014），主管领导给予外籍员工最大的尊重和价值观上的肯定，有利于营造公平和谐的文化氛围，因此中国海外项目经理悖论领导行为有利于促进在跨文化情境下领导者、被领导者与情景条件的和谐匹配，悖论领导行为可以通过信息深度加工提升自我批判性思维的确定，从而增加团队绩效的产出。

6.7 本章小结

本章内容是在前文对中国海外项目经理悖论领导行为的概念内涵、测量结构、形成和作用机制的质性研究基础上，通过量化研究解构了中国海外项目经理悖论领导行为（PLB-CM）对团队绩效的作用机制。提出解决中国海外项目团队绩效较低的治理路径，分别是“中国海外项目经理悖论领导行为→信息深度加工→团队绩效”和“中国海外项目经理悖论领导行为→批判性思维→团队绩效”。更加全面精准地检验了跨文化悖论领导行为所产生的影响效应，丰富了悖论领导行为的理论版图。

第 7 章　研究结论与讨论

基于特质与认知视角将悖论领导行为定义为采取“两者兼而有之”并非“二者选其一”的策略（Smith & Lewis，2011）来处理组织中相互矛盾且持续并存的组织悖论过程。强调自我复杂性与情绪调节领导特质的作用，为领导者辨别、接纳和协同矛盾张力提供认知框架（Waldman & Bowen，2016）。从行为视角来看，采取表面上看似相互矛盾事实上却相互联系的领导行为，同时满足工作场所中的竞争性的需要（Zhang et al.，2015）。它是一种高绩效期望和高管理支持的领导行为（Kauppila & Tempelaar，2016），Lewis & Smith（2014）不仅把悖论视作提高绩效的重要因素并且提倡主动辨别和提升悖论，避免管理陷入焦虑和防御困境，以不同的方式聚焦悖论的不同方面。基于能力视角，悖论领导行为强调超越矛盾的能力，具体表现为：提倡接纳能力、差异化能力和整合能力（Smith & Lewis，2012）。基于以上三种不同视角对悖论领导行为的解读，可以归纳出其具有包容性、矛盾性和灵活性三大特征。

作为一种有效的管理方式，悖论领导行为最早在管理实践中出现。但是在近些年,才被学者们上升到理论研究高度。目前悖论领导行为的三种不同测量量表分别是：Jansen 等（2016）绩效和支持两维度量表；Zhang 等（2015）普通人员管理中的悖论领导行为（PLB-PM）5 维度量表以及 Zhang 等（2019）企业长期发展中的悖论领导行为（PLB-CD）4 维度测量量表。前者 Jansen 等（2016）开发的包含绩效维度和支持维度的测量量表，侧重对下属工作效率的要求和下属的共同参与决策的公平公正方面，是基于西方文化背景的悖论领导行为研究。而后者 Zhang 等（2015；2019）基于中国哲学，提出的两种悖论领导行为，研究采用中国员工样本，验证了在中国情境下悖论领导行为具有较高的信效度，相比于前者，Zhang 等（2015；2019）开发的两种悖论领导行为更能体现接纳和整合矛盾间的张力，随着时间的推移协同矛盾各方，达到持续发展的状态。但缺乏其在跨文化情境中的应用与开发，因此学者们呼吁应拓展悖论领导行为在跨文化管理中的研究（Zhang et al.，2015）。

为此，本书基于跨文化情境中的冲突、矛盾和悖论，围绕悖论领导行为的内涵特征及其结构，对跨文化管理实践中的悖论领导行为的作用机制开展了系统性的研究。首先，本书从管理实践出发，以基于序关系的综合评价方法梳理出中国海外项目团队主要的冲突矛盾，以中庸哲学理论为基础，面对跨文化冲突和矛盾，外派管理者采取“两者兼而有之”的行为策略。使用动态协同的悖论领导方法，可有效预防和化解中国海外项目团队面临的各种冲突风险，让中国海外项目经理悖论领导行为的概念自然涌现。随后，对其内涵结构、测量方法以及相关研究进行了系统梳理，并在此基础上探索跨文化情境的工作场所，从而对中国海外项目经理悖论领导行为的内涵结构、维度特征以及形成与影响理论框架展开质性研究分析。通过实地调研与半结构访谈等质性研究分析，依据扎根理论研究方法，本书不仅初步发现了中国海外项目经理悖论领导行为的内涵、特征，并且还确立了其维度特征，为后续开展中国外派管理者悖论领导行为的实证研究奠定了基础。其次，针对中国外派管理者应用悖论领导行为在跨文化管理中的实际表现，本书通过访谈等质性研究，依据扎根理论研究方法，探索了形成及影响悖论领导行为的部分前因和结果，构建了中国海外项目经理悖论领导行为的形成与作用机制模型，其中，前因和结果都包括了个体层面和团队层面的因素。再次，基于质性研究得出的形成和作用机制模型，对初始量表进行信度、效度分析和效标检验，开发了悖论领导行为的有效测量工具。最后，为探索悖论领导行为对团队绩效的作用机制，提出解决中国海外项目团队绩效低下的双重治理路径：分别是“中国海外项目经理悖论领导行为—信息深度加工—团队绩效”和“中国海外项目经理悖论领导行为—批判性思维—团队绩效”。本书通过质性和量化相结合的研究方法，对悖论领导行为在跨文化工作场所的表现特征及其作用机制进行了系统的研究和分析。

7.1 主要结论与分析

7.1.1 主要结论

本书基于以往国内外对于悖论领导行为的研究，在跨文化冲突、矛盾及悖论情境中，将中国传统中庸哲学和社会信息加工理论作为解释理论，在 IPO 经典理论模型的框架下，依据扎根理论研究方法和 SPSS22.0 及相关统计软件，采用质性与量化研究相结合的方法，探讨了“中国海外项目经理悖论领导行为的概念内涵、结构测量及作用机制”的研究问题。本书的主要结论如下：

首先，以越南头顿光伏发电项目为例，采用基于序关系的综合评价方法对中国海外项目普遍遇到的冲突、矛盾进行梳理，经过数据的收集和分析，系统梳理出越南头顿光伏发电项目冲突矛盾评价指标体系，并提出中国外派管理者需要采取“两者兼顾”的悖论领导策略，联结悖论对立面的内生互补关系来解决矛盾。并以中庸哲学理论为基础，指导中国海外项目经理悖论领导行为的概念界定与原则特性。

其次，通过实地调研、半结构化访谈、文献专著、新闻论坛等方式收集的一手、二手质性数据，依据扎根理论研究方法，归纳、分析总结了悖论领导行为的结构维度以及形成与作用机制的理论框架，通过对中国海外项目团队的问卷样本调查先后探索、验证了中国海外项目经理悖论领导行为的测量量表，并基于理论框架中形成与作用的前后逻辑，进行了效标检验，研究表明本书所开发的中国海外项目经理悖论领导行为测量量表具有稳定而良好的信度、效度。

在现有悖论领导行为理论研究和扎根理论研究方法的基础上，本书将中国海外项目经理悖论领导行为（Paradoxical Leader Behaviors in Cross Cultural Management：PLB-CM）定义为：在跨文化管理中，领导者采用看似竞争却相互关联的行为，同时或随时间推移满足中国企业项目团队在海外发展中的竞争性需求。通过对数据进行收集、整理、编码、迭代等流程进行数据处理。通过本土员工调查问卷、专著和文献、新闻论坛等渠道对跨文化冲突事例进行现场讨论并记录，用现场或远程采访20位外派项目管理者的数据进行验证。最后，作为外派管理者，将会采取哪些行为去有效化解这些冲突和矛盾，进行初始编码—聚焦编码—轴心编码—理论编码四级编码，形成中国海外项目经理悖论领导行为的初始量表25个条目。基于中庸哲学理论的中国海外项目经理悖论领导行为（PLB-CM）包含风险与机遇、利润与价值、规范性与灵活性、本土化特殊性与全球化普遍性四个维度，各个维度依次对应了中庸哲学理论中“执两用中”“过犹不及”“经权损益”与“和而不同”四方面的理论基础。然后，针对中国海外项目团队，本书先后收集两份问卷调查样本，使用SPSS22.0对样本1中国海外项目经理悖论领导行为的量表进行探索性因子分析，最终形成了包含4维度18个题项的正式量表，该量表具有良好的信度、效度；样本2通过Mplus8.3对修订后的中国海外项目经理悖论领导行为量表展开验证性因子分析，进一步检验该量表因子结构的外部一致性程度，主要通过整体模型的拟合度、因子载荷等指标判断因子结构的质量。在此基础上，本书再次收集样本，通过文化智力、中庸价值取向、批判性思维、任务绩效、适应性绩效对悖论领导行为量表进行效标性检验，通过量化效标验证还发现，批判性思维、中庸价值取向以及文化智力对中国海外项目经理悖论领导行为具有正向相关关系，同时，中国海外项目经理悖论领导行为对任务绩效和适应性绩效均具有正向的预测效应。进一步验证了该量表具有良好的信度和效度，为进一步的实证分析提供可靠的测量工具。

再次，本书通过质性分析，依据访谈数据研究发现，中国海外项目经理悖论领导行为的形成及作用机制具有跨层次的影响特点，引发领导在跨文化管理中使用悖论领导行为的因素来自个体层面和团队层面的多种原因，而悖论领导行为对员工个体层面和团队层面的多种工作结果具有积极影响。

在跨文化管理中悖论领导行为的形成因素方面，本书发现引发领导在跨文化情境中采取悖论领导行为的前因是一个多层次的影响机制。团队层面的文化多样性、团队氛围、团队冲突以及个体层面的文化智力、中庸价值取向、整体性思维等因素都可能引发领导在跨文化管理中采取悖论行为策略。

在中国海外项目经理悖论领导行为的作用影响方面，在跨文化管理中，悖论领导行为对员工个体的主动性、适应性以及个人绩效等三个方面发挥积极作用。在对团队层面的影响方面，中国海外项目经理悖论领导行为对团队身份认同、团队凝聚力以及团队绩效起到积极的正向影响。因此，中国海外项目经理悖论领导行为是中国外派管理者有效应对海外项目团队冲突，提高员工身份认同和团队凝聚力、团队绩效的有效领导方式。

最后，本书通过对476名外派项目管理人员的有效调研问卷数据，开展对中国海外项目经理悖论领导行为对团队绩效的双桥梁作用研究，研究结果发现中国海外项目经理悖论领导行为对团队绩效具有正向影响；中国海外项目经理悖论领导行为正向影响信息深度加工；信息深度加工在悖论领导行为对团队绩效的影响中起中介作用；中国海外项目经理悖论领导行为正向影响领导批判性思维；批判性思维在中国海外项目经理悖论领导行为对团队绩效的影响中起中介作用；信息深度加工与批判性思维在中国海外项目经理悖论领导行为对团队绩效中起链式中介作用。由此，本书从社会信息加工理论视角出发，得出“中国海外项目经理悖论领导行为→信息深度加工→批判性思维→团队绩效”这一链式中介效应模型，弥补了以往研究的空白，有助于学界更为深入理解信息深度加工和批判性思维在中国海外项目经理悖论领导行为和团队绩效中的传递过程。通过量化研究深度剖析了中国海外项目经理悖论领导行为对团队绩效的作用机制，丰富了悖论领导行为作用机制的研究。

7.1.2 结论分析

本书的脉络主线源于管理实践和现有研究文献，首先对国内外关于悖论领导行为的研究进行回顾和梳理以及中国海外项目团队在跨文化管理中的实践，从中发现具有研究价值的跨文化管理中的悖论领导行为。而后，明确实践情境中，团队绩效的高产出是中国海外项目团队不断蓬勃发展的来源。随后，在量化研究部分对团队绩效的相关研究进行了梳理，发现中国海外项目经理悖论领导行为可以作为研究提升团队绩效的重要前因变量。

本书的总目标是探索中国海外项目经理悖论领导行为的概念内涵、结构测量及作用机制研究，通过中西文化比较和质性、量化相结合的方法，厘清了悖论领导行为的概念内涵、结构测量及其作用机制，样本来自多国际项目地，涵盖多个东道国，研究结果拓展了悖论领导行为在跨文化管理研究的新领域，为跨文化领导力在发展中国家的研究奠定了基础。为更多走入国际工程承包市场的中国企业选拔、培训、派遣更优秀的国际工程项目经理在跨文化管理中识别悖论、培养悖论心态并发展悖论管理技能提供一定的理论依据。丰富了悖论领导行为在跨文化管理中的“理论版图”，尤其是检验在跨文化情境下其对团队绩效提升的路径效应。具体而言：

首先，基于扎根理论研究方法的中国海外项目经理悖论领导行为的量表开发。通过对悖论领导行为研究的回顾与梳理，在中庸哲学理论基础上结合“一带一路”倡议背景下的跨文化情境，探索中国海外项目经理悖论领导行为的内涵界定与维度特征，基于扎根分析所开发的中国海外项目经理悖论领导行为的内涵结构，编制出对应4个维度的25个中国海外项目经理悖论领导行为条目作为原始量表。在维度确立的基础上，基于经典IPO理论模型，提出中国海外项目经理悖论领导行为的形成与作用机制模型。

其次，本书为了有效避免扎根理论研究方法分析开发的原始量表产生研究者主观偏差，遵循严格的量表开发步骤，在探索性因子分析的基础上构建了由4维度18个条目构成的中国海外项目经理悖论领导行为指标体系，之后通过验证性因子分析证实中国海外项目经理悖论领导行为二阶四因子维度构思最优，并进一步采用组合信度与平均方差萃取值方法检验该构思具有良好的聚合效度与区分效度，并选取批判性思维、中庸价值取向、文化智力作为前因校标，任务绩效和适应性绩效作为结果校标，对中国海外项目经理悖论领导行为进行前因和结果的校标检验，表明该量表具有良好的信度与效度。为推进中国企业外派项目经理在跨文化管理中的领导行为研究提供重要的测量工具，填补悖论领导行为在跨文化管理中的空白。

最后，通过实证探索、检验悖论领导行为对团队绩效的影响路径，发现信息深度加工、批判性思维在中国海外项目经理悖论领导行为对团队绩效的影响中起链式中介作用；提出解决中国海外项目团队绩效较低的治理路径，分别是"中国海外项目经理悖论领导行为→信息深度加工→团队绩效"和"中国海外项目经理悖论领导行为→批判性思维→团队绩效"。更加全面精准地检验了中国海外项目经理悖论领导行为所产生的影响效应。丰富了悖论领导行为影响机制的研究。

中国海外项目经理悖论领导行为（PLB-CM）的提出推动了跨文化领导力与悖论领导行为研究的交叉融合，帮助"一带一路"倡议背景下的中国对外投资企业的中方管理者更有效地带领跨文化团队，调动员工工作积极性，激人向善，凝聚人心，为提高团队绩效提供理论参考依据。

7.2 研究贡献

7.2.1 理论贡献

本书基于中庸哲学理论，通过扎根理论研究方法挖掘了中国海外项目经理悖论领导行为（PLB-CM）的概念内涵和结构维度；在经典 IPO 理论模型的指导下勾勒出中国海外项目经理悖论领导行为形成与作用机制的理论框架模型；开发了中国海外项目经理悖论领导行为测量工具，并进行了因果效标检验；实证了中国海外项目经理悖论领导行为对团队绩效影响的双桥梁中介路径，验证了信息加工理论在团队绩效领域的应用范围。本书的理论贡献如下：

第一，本书提出了中国海外项目经理悖论领导行为的概念内涵，响应了前人拓展悖论领导行为在跨文化管理中的研究呼吁（Zhang et al.，2015）。悖论思想是对已有领导研究的拓展与整合，然而针对不同群体与不同情境下的悖论领导行为的概念内涵仍存在进一步完善的空间，尤其是拓展悖论领导行为在跨文化情境中的进一步研究。因此，本书提出了中国海外项目经理悖论领导行为（PLB-CM）概念和构建了理论框架，丰富并且拓展了悖论领导行为的概念，不止步于现有理论聚焦文化特有的现象层面，而是深入挖掘国际化管理中的悖论，采用本土视角讨论普遍性的问题，突破了既有研究的局限。

第二，本书以中国传统文化中的中庸哲学思想为基础并以中国外派管理者为研究对象，将中国海外项目管理团队中的实践问题升华到一定的理论高度。现有跨文化领导力的研究基于“发达世界”（Aycan，2004；Sinha，2003；Sinha 2004；Antonakis et al.，2004），研究对象也多聚焦于发达国家外派管理者，缺乏中国外派管理者领导行为的研究与应用（Wang,2016）。基于欧美样本与领导力理论开发出的领导力量表，是否适用于中国企业？其真实有效性如何保证？社会中的个体会随着文化情境的不同，对矛盾冲突的理解也存在差异，西方导向的悖论管理理论对全球不同文化的悖论矛盾解释力不足（Jing & Van，2016）。越来越多的学者建议，基于中国传统文化，构建具有本土特色的中国跨文化领导力理论和模型（严燕，2013）。因此，以中庸传统哲学思想为理论基础所开发的中国海外项目经理悖论领导行为，为中国外派项目经理有效承担领导角色并提升领导能力提供理论依据。研究结果拓展了悖论领导行为跨文化管理研究的新领域（Shi & Shaw，2017），构建出具有中国本土特色的国际化领导行为。

第三，开发了中国海外项目经理悖论领导行为的测量量表，验证其信效度以及因果校标检验。以往研究大多聚焦于悖论领导行为的作用效果（Xue et al.，2020；Mammassis & Schmid，2018；罗瑾琏等，2015；2017），关于悖论领导行为前因的相关研究还非常有限，已有研究仅证明了个体认知因素对悖论领导行为的影响，但研究结论之间存在一定程度的不一致（Choi & Nisbett，2000；Zhang et al.，2019），可见现有研究对其形成机制的匮乏。在中国海外项目经理悖论领导行为形成与作用机制的理论框架构建以及前因效标的检验中，深入探讨了中国海外项目经理悖论领导行为的前因机制。其量表工具的有效开发，促进了国际化领导力与悖论领导行为研究的交叉融合，弥补了目前悖论领导行为的理论视角缺失的局限（Volk et al.，2022）。为后续推进中国海外项目经理悖论领导行为的实证研究提供了重要的测量工具。

第四，本研究实证了中国海外项目经理悖论领导行为对多文化团队绩效的链式中介路径作用机制，目前鲜有悖论领导行为对提升团队绩效的中介路径机制进行深入挖掘，弥补了现有研究对悖论领导行为缺乏完整理论模型的短板（Klonek et al.，2021）。现有研究探索悖论领导行为对结果变量作用的中介机制研究集中于社会认知视角（Yang et al.，2019；Li et al.，2021）、动机视角（Vallerand et al.，2010；Shao et al.，2019）、过程视角（Anderson et al.，2014；罗瑾琏等，2015；杜娟等，2020）、社会交换视角（孙柯意和张博坚，2019；Xue et al.，2020），在路径研究和出发视角方面还有待深入挖掘。虽然国内外学者针对团队绩效已经从组织、团队、个体层面开展了众多的研究。然而不同文化背景的研究者对于团队绩效的概念和测量存在大同小异的描述和理解，已有研究针对领导因素对团队绩效产出的作用机理进行了一定的探讨，但缺乏跨文化团队情境下的分析。国内鲜有的关于领导力对跨文化团队影响分析，也局限于团队的有效性（刘追和闫舒迪，2015）或领导效能（郑弘，2014）上，并未对跨文化团队绩效的产出做深入的实证量化分析。由此，中国海外项目经理悖论领导行为对团队绩效的双桥梁链式中介作用的研究成果丰富了悖论领导行为理论，开拓了具有中国本土特色的国际化领导力理论。

第五，悖论视角的创新。本书梳理出跨文化管理中的悖论条目，并以双向对偶条目的形式展现"两者坚固"的悖论领导行为特征，开拓具有中国本土特色的国际化领导力。

7.2.2 实践意义

本书聚焦中国海外项目经理的悖论领导行为（PLB-CM）及企业发展关键指标的团队绩效，通过理论推演和质性、量化相结合的研究方法，探索中国海外项目经理悖论领导行为概念内涵、结构测量及作用机制，对"一带一路"倡议持续推进具有以下指导意义：

第一，体现了发展中国家在国际跨文化领导力的新突破，现有研究大部分聚焦西方发达国家外派管理人员的领导力研究，这些外派管理人员的领导力对跨文化团队绩效的研究中，将领导参与和文化参与管理作为重要影响因素（Osland J & Osland A，2005），但盲目推崇美国研究者提倡的参与管理，在某些国家可能会取得适得其反的效果（Hofstede，1980）。中国企业外派情况也有其独特性，界定了中国海外项目经理悖论领导行为的内涵结构及理论框架。体现了发展中国家在国际跨文化领导力的新突破，悖论领导行为（PLB-CM）是中国在全球治理中日益展现出领导力，伴随中国更加深入参与国际治理，具有中国特色的领导力理论也将在全球治理体系中发挥着越来越重要的作用。

第二，与以往悖论领导行为的测量量表相比更具有跨文化管理中的实践意义。Jansen 等（2016）将悖论领导行为分为绩效和支持两个维度，其中绩效维度包含对员工工作效率和行为的要求，支持维度包含员工的共同决策与参与，强调公平、公正、公开。Zhang 等（2015;2019）开发的普通人员管理中的悖论领导行为（PLB-PM）和企业长期发展中（PLB-CD）的悖论领导行为是在看似相互竞争，但却相互联系，并同时或随着时间的推移满足竞争的工作场所需求。相对 Jansen 等（2016）单独测量悖论领导行为测量量表，Zhang 等（2015；2019）开发的两种悖论领导行为的双条目测量量表更能够体现悖论领导行为随着时间的推移，接纳和整合矛盾的两极。悖论领导行为的开发借鉴了 Zhang 等（2015；2019）开发的两种悖论领导行为双条目的使用，并探索出跨文化管理中的新矛盾张力，分别是：风险与机遇；利润与价值；规范性与灵活性；本土化特殊性与全球化普遍性 4 维度主要悖论。为更多走入国际工程承包市场的中国企业选拔、培训、派遣更优秀的国际工程项目经理，并在跨文化管理中识别悖论、培养悖论心态并发展悖论管理技能提供了全新视角。

第三，提出解决中国海外项目团队绩效较低的治理路径。团队绩效是中国海外项目团队能否在国际市场良好发展的重要衡量指标。中资企业在“走出去”过程中主要以项目团队为组织形式，建立团队的目的是适应外部战略环境的要求以提升组织内部的团队绩效。团队绩效将“团队管理”与“绩效管理”相互融合，团队绩效的高效产出是中国海外项目团队不断蓬勃发展的来源，并能促进中国对外投资企业获得较为长远的发展。因此，外派项目经理如何将跨文化团队绩效富有成效地落到实处，是每位中国外派管理者必须深入思考和不断探究的关于领导力的核心问题。本书提出解决中国海外项目团队绩效较低的治理路径，分别是“中国海外项目经理悖论领导行为→信息深度加工→团队绩效”和“中国海外项目经理悖论领导行为→批判性思维→团队绩效”。帮助中国海外项目团队更好地掌握跨文化管理中提升团队绩效的途径，有针对性地避免因文化冲突带来的负面影响，帮助外派项目经理更好地化解跨文化团队中的矛盾，调动员工工作积极性，激人向善，凝聚人心，进行悖论整合，进而有效提高多文化团队的绩效。

7.3　研究局限与未来展望

虽然本书拓展了悖论领导行为在跨文化管理领域的研究，同时具有一定的实践指导意义。为发展中国家探索国际化领导力的研究做出了一定的贡献，但同时仍然存在一些研究局限。

第一，本书开发了中国海外项目经理悖论领导行为的量表，先后收集了中国海外项目团队的样本进行了探索性因子分析与验证性因子分析以及效标检验，分析结果显示该量表具有良好的信度、效度以及预测效应。尽管各种指标的总体情况良好，但是目前的样本主要局限于中国海外项目团队的外派管理人员，不能充分证明此量表能够在不同情境与不同文化中适用。特别是领导层面的样本来源于中国企业，领导者受中国传统文化的熏陶,具有中国领导个体的行事逻辑特征。Hinki（1998）强调，量表的挖掘体现的是一个不断更新迭代的过程，需要不断修正和调整。未来研究可以收集不同文化情境中的样本数据对本量表进行检验，以提升该量表在西方文化情境下的适应性。

第二，本书采用建构型扎根理论，提供了中国海外项目经理悖论领导行为形成与作用机制的理论框架，并在量表开发中使用个体层面的中庸价值取向、文化智力、批判性思维、任务绩效和适应性绩效作为效标检验。虽然研究结果表明，中国海外项目经理悖论领导行为量表具有很好的预测效应。但未对理论框架中的其他变量进行系统的量化分析。未来研究可以深度挖掘中国海外项目经理悖论领导行为形成与作用机制的实证量化分析，唯有如此，我们才能更深入地解构中国海外项目经理悖论领导行为的成因及其可发挥的积极作用。

第三，中国海外项目经理悖论领导行为对团队绩效的路径研究中采用定量研究，通过收集476位中国海外项目团队项目经理的数据，验证了信息深度加工、批判性思维在中国海外项目经理悖论领导行为与团队绩效间的链式中介作用。较为深入地阐释了在跨文化管理中，悖论领导行为对团队绩效的影响路径。未来研究有必要深入剖析悖论领导行为发挥作用的边界条件，探究中国海外项目经理悖论领导行为何时能够发挥积极作用，以期为管理者提供决策依据。

综上所述，中国海外项目经理悖论领导行为是在跨文化管理中拓展的悖论领导行为新概念，对于其形成与作用机制以及发挥作用的边界条件的进一步探索将是研究者在未来探索的领域。

附　录

附录 A：关于协助开展外派人员调查研究工作的函

×××集团股份有限公司：

为响应“一带一路”倡议，强健新时代“一带一路”国际化人才队伍，为更多“走出去”的中国企业输送优质国际人才。石河子大学团队建设与组织行为研究中心致力于中国外派管理人员领导能力的提升，正在进行基于“一带一路”外派人员基本情况的调研。

现请×××集团股份有限公司协助进行外派人员调查问卷的收集，问卷收集形式分为电子链接或纸质版本。本问卷匿名填写，保证不会涉及个人隐私，资料绝对严防泄露。调研结果仅用于学术研究，并且每份问卷不会单独使用，仅作为所有问卷中的一部分进行整体性统计分析。

感谢贵单位对我中心研究工作的大力支持！

联系人：谢老师

联系电话：××××

邮箱：×××××

×××××团队建设与组织行为研究中心

××××年××月××日

附录 B：访谈提纲——外派项目经理

量表开发访谈提纲		
编号	问题	目的
1	谈谈您在海外项目团队工作中遇到过哪些矛盾、冲突以及风险？	引导受访者进入悖论思考情境
2	当面对冲突和矛盾时，您采取什么样的方式处理呢？	获取受访者对悖论行为总体认知的数据
3	谈谈您使用“两者兼顾”的方式都处理了哪些冲突和矛盾？	
4	在这些您所行使的悖论领导行为中，哪些比较关键和有效？	精练悖论领导行为的数据
理论框架访谈提纲		
开场：详细介绍悖论领导行为的概念内涵		引导受访者对概念熟悉
1	在海外工作中，您应对矛盾和悖论的方法有哪些呢？	获取具体悖论领导行为实际状况的数据
2	这些方法中“悖论领导行为”对处理跨文化矛盾是否有效？	
3	作为领导者，用悖论领导行为来处理矛盾的原因有哪些呢？	获取具体前因变量的数据
4	这种悖论领导行为会对您个人或者团队产生什么样的影响？	获取具体影响变量的数据
5	您的下属（包括本土员工）对您这种两者兼顾的矛盾处理方式有什么样的反馈？	获取具体作用机制的数据
6	您认为下属出现这种积极（或者消极）反馈的原因是什么？	获取具体反馈成因的数据

附录C：调查问卷

本部分调查的是有关您个人对项目团队的感受、判断，或做法等，我们将调查的内容写成判断句，这些判断句您可能同意也可能不同意，都没有关系；请根据实际情况作答。

感谢您百忙中耐心填答这份问卷！

1. 中国海外项目经理悖论领导行为的初始量表

以下问题，请您根据您的实际情况进行填答	非常不同意→非常同意				
1. 既能依据项目合同全面重视东道国的社会环境，又能抓住市场机遇	1	2	3	4	5
2. 既能依据项目合同全面重视东道国的文化习俗风险，又能抓住市场机遇	1	2	3	4	5
3. 既能依据项目合同全面重视东道国的合规（法律法规）风险，又能抓住市场机遇	1	2	3	4	5
4. 既能依据项目合同全面重视东道国的公共安全风险，又能抓住市场机遇	1	2	3	4	5
5. 既能依据项目合同合理全面评估企业能力与竞争力，又能抓住市场机遇	1	2	3	4	5
6. 既能追求国际项目的合理利润，又能重视国际项目的进度和质量	1	2	3	4	5
7. 既能追求国际项目的合理利润，又能履行好对当地的社会责任	1	2	3	4	5
8. 既能追求国际项目的合理利润，又能达到东道国的环保要求	1	2	3	4	5
9. 既能保障项目正常的建设与运营，又能注重项目周边的生态环境保护	1	2	3	4	5
10. 既能全面合规防范外汇风险，又能灵活把握盈利的可能性	1	2	3	4	5
11. 既能规范控制国际保险的投入，又能最大范围减少国际项目风险造成的损失	1	2	3	4	5
12. 既能控制本土用工的劳务风险，又能更好履行本土经营的社会责任	1	2	3	4	5
13. 既能强调项目审慎的决策过程，又能机动地应对国际项目的突发状况	1	2	3	4	5
14. 既能合理优化内部项目动态化管理，又能顺应外部东道国的政策变化	1	2	3	4	5
15. 既能遵守当地的税收政策，又能灵活进行企业的纳税筹划	1	2	3	4	5
16. 既能适应当地医疗卫生条件的情况，又能积极推进卫生建设满足国际化基本医疗服务水平	1	2	3	4	5
17. 既能适应当地的自然及气候环境，又能根据情况营造国际化水平的居住和办公环境	1	2	3	4	5
18. 既能尊重本土员工的利益与诉求，又能维护多文化团队的人际关系和谐	1	2	3	4	5
19. 既能在薪酬福利方面考虑多文化团队中员工的差异性，又能以公平的方式平等对待员工	1	2	3	4	5
20. 既能强调部门的独立性与差异性，又能注重跨文化部门间的协作沟通	1	2	3	4	5
21. 既能要求员工有工作的个体目标，又能符合多文化工作团队的集体目标	1	2	3	4	5

2. 中国海外项目经理悖论领导行为正式量表、效标检验以及对团队绩效的链式中介作用量表

领导填写问卷部分

亲爱的朋友：

您好！感谢您帮助填写本问卷！

我们是国家社科基金后期资助项目课题组，正在进行海外项目基本情况的调研。本问卷匿名填写，不会涉及您的个人隐私，资料绝对严防泄露。调研结果仅用于学术研究，并且每份问卷不会单独使用，仅作为所有问卷中的一部分进行整体性统计分析。答案没有对错之分，请您按照实际情况放心填写，只需花费您 6min 时间，您的意见对本研究十分重要。如果在填写问卷时有任何疑问，请联系：谢老师 ×××××。

如您对本调查的研究结果感兴趣，请留下您的 E-mail。

××××× 团队建设与组织行为研究中心

×××× 年 ×× 月 ×× 日

本部分调查的是有关您个人对项目团队的感受、判断与做法等，问题项中，您可能同意也可能不同意，都没有关系；请根据实际情况作答。

中国海外项目经理悖论领导行为正式量表：

以下问题，请您根据您的实际情况进行填答	非常不同意→非常同意				
1. 既能依据项目合同全面重视东道国的社会环境，又能抓住市场机遇	1	2	3	4	5
2. 既能依据项目合同全面重视东道国的文化习俗风险，又能抓住市场机遇	1	2	3	4	5
3. 既能依据项目合同全面重视东道国的合规（法律法规）风险，又能抓住市场机遇	1	2	3	4	5
4. 既能依据项目合同全面重视东道国的公共安全风险，又能抓住市场机遇	1	2	3	4	5
5. 既能追求国际项目的合理利润，又能重视国际项目的进度和质量	1	2	3	4	5
6. 既能追求国际项目的合理利润，又能履行好对当地的社会责任	1	2	3	4	5
7. 既能追求国际项目的合理利润，又能达到东道国的环保要求	1	2	3	4	5
8. 既能保障项目正常的建设与运营，又能注重项目周边的生态环境保护	1	2	3	4	5
9. 既能全面合规防范外汇风险，又能灵活把握盈利的可能性	1	2	3	4	5
10. 既能规范控制国际保险的投入，又能最大范围减少国际项目风险造成的损失	1	2	3	4	5

续表

以下问题，请您根据您的实际情况进行填答	非常不同意→非常同意				
11. 既能控制本土用工的劳务风险，又能更好履行本土经营的社会责任	1	2	3	4	5
12. 既能强调项目审慎的决策过程，又能机动地应对国际项目的突发状况	1	2	3	4	5
13. 既能遵守当地的税收政策，又能灵活进行企业的纳税筹划	1	2	3	4	5
14. 既能适应当地医疗卫生条件的情况，又能积极推进卫生建设满足国际化基本医疗服务水平	1	2	3	4	5
15. 既能适应当地的自然及气候环境，又能根据情况营造国际化水平的居住和办公环境	1	2	3	4	5
16. 既能在薪酬福利方面既考虑多文化团队中员工的差异性，又能以公平的方式平等对待员工	1	2	3	4	5
17. 既能强调部门的独立性与差异性，又能注重跨文化部门间的协作沟通	1	2	3	4	5
18. 既能要求员工有工作的个体目标，又能符合多文化工作团队的集体目标	1	2	3	4	5

批判性思维（校标检验前因变量）

对于国际项目中遇到的问题时，您将如何应对？请在最符合您实际情况的数字上打“√”	非常不符合→非常符合				
1. 认真考虑问题背景，并慎重做出判断	1	2	3	4	5
2. 根据问题，采取有针对性的策略	1	2	3	4	5
3. 寻求解决问题的可替代方案	1	2	3	4	5
4. 敢于挑战影响工作绩效的困难	1	2	3	4	5
5. 愿意采纳超出现有程序或规章制度的可能解决方案	1	2	3	4	5

中庸价值取向（校标检验前因变量）

对于国际项目中遇到的问题时，您将如何应对？请在最符合您实际情况的数字上打“√”	非常不符合→非常符合				
1. 与同事相处，只做到合理是不够的，还要合情	1	2	3	4	5
2. 任何事情总有个限度，过了头和达不到都不好	1	2	3	4	5
3. 做决定时要为了整体的和谐来调整自己	1	2	3	4	5
4. 我会参考其他人的想法和做法，以便和大家基本一致	1	2	3	4	5
5. 我做事情会考虑各种可能的状况	1	2	3	4	5
6. 我会在不同意见中找折中方案或找个平衡点	1	2	3	4	5

文化智力（校标检验前因变量）

参与国际项目时，您是如何融入跨文化环境的？请在最符合您实际情况的数字上打“√”	非常不符合→非常符合						
1. 我能意识到自己与不同文化背景的人交往时所应用的文化常识	1	2	3	4	5	6	7
2. 当与陌生文化中的人们交往时，我会调整自己的文化常识	1	2	3	4	5	6	7
3. 我能意识到自己在跨文化交往时所运用的文化常识	1	2	3	4	5	6	7
4. 当与来自不同文化的人们交往时，我会学习一些文化常识	1	2	3	4	5	6	7
5. 我了解其他文化的法律和经济体系	1	2	3	4	5	6	7
6. 我了解其他语言的规则（如：词汇，语法）	1	2	3	4	5	6	7
7. 我了解其他文化的价值观和宗教信仰	1	2	3	4	5	6	7
8. 我了解其他文化中的婚姻体系	1	2	3	4	5	6	7
9. 我了解其他文化的艺术行为和手工艺术品	1	2	3	4	5	6	7
10. 我了解其他文化中肢体语言所表达的行为规则	1	2	3	4	5	6	7
11. 我喜欢与来自不同文化的人交往	1	2	3	4	5	6	7
12. 我相信自己能够与陌生文化中的当地人进行交往	1	2	3	4	5	6	7
13. 我确信自己可以处理适应新文化所带来的压力	1	2	3	4	5	6	7
14. 我喜欢生活在自己不熟悉的文化中	1	2	3	4	5	6	7
15. 我相信自己可以适应一个不同文化中的购物情境	1	2	3	4	5	6	7
16. 我根据跨文化交往的需要而改变自己的语言方式（口音、语调）	1	2	3	4	5	6	7
17. 我有选择地使用停顿和沉默以适应不同的跨文化交往情境	1	2	3	4	5	6	7
18. 我根据跨文化交往的情境需要而改变自己的语速	1	2	3	4	5	6	7
19. 我根据跨文化交往的情境需要而改变自己的非语言行为（如：手势、头部动作、站位的远近）	1	2	3	4	5	6	7
20. 我根据跨文化交往的情境需要而改变自己的面部表情	1	2	3	4	5	6	7

整体性思维（校标检验前因变量）

参与国际项目时，您是如何融入跨文化环境的？请在最符合您实际情况的数字上打“√”	非常不符合→非常符合						
1. 宇宙中的一切都是相互关联的	1	2	3	4	5	6	7
2. 世界上的一切都与因果关系交织在一起	1	2	3	4	5	6	7
3. 即使是宇宙任何元素的微小变化也会导致其他元素的重大变化	1	2	3	4	5	6	7
4. 任何现象都有许多原因，尽管有一些原因尚不清楚	1	2	3	4	5	6	7
5. 任何现象都会导致许多后果，尽管其中有些可能还不清楚	1	2	3	4	5	6	7

续表

参与国际项目时，您是如何融入跨文化环境的？请在最符合您实际情况的数字上打“√”	非常不符合→非常符合						
6. 走中间立场比走极端更可取	1	2	3	4	5	6	7
7. 当人之间存在分歧时，他们应该寻求协商的意见	1	2	3	4	5	6	7
8. 当一个人的观点与他人的观点发生冲突时，找到一个折中的点比争论谁是对 / 错更重要	1	2	3	4	5	6	7
9. 最好与其他意见不同的人保持和谐，而不是争论	1	2	3	4	5	6	7
10. 我们应该避免走向极端	1	2	3	4	5	6	7
11. 为了理解一个现象，应该考虑整体，而不是它的各个部分	1	2	3	4	5	6	7
12. 关注整体比关注它的各个部分更重要，整体大于它各部分的总和	1	2	3	4	5	6	7
13. 更重要的是要关注整个情况，而不是细节	1	2	3	4	5	6	7
14. 如果不考虑系统的整体，就不可能理解部分的作用	1	2	3	4	5	6	7
15. 我们应该考虑一个人所处的境遇和他的个性，以了解他的行为	1	2	3	4	5	6	7

团队适应性绩效（校标检验结果变量）

参与国际项目时，您是如何融入跨文化环境的？请在最符合您实际情况的数字上打“√”	非常不符合→非常符合						
1. 为了处理意想不到的事情，本项目团队知道核心业务和成功的关键路径	1	2	3	4	5	6	7
2. 当发生紧急情况或意外时，本项目团队会迅速选择适当的成员来处理它	1	2	3	4	5	6	7
3. 当问题存在时，本项目团队会检测到这些问题	1	2	3	4	5	6	7
4. 如果解决问题的方法不合适，本项目团队始终进行沟通，并发报告给团队领导或关键成员	1	2	3	4	5	6	7
5. 在紧急情况下，本项目团队很快就做出了决定	1	2	3	4	5	6	7
6. 当面临意外失去一个关键成员时，本项目团队会迅速安排多个成员的角色来填补	1	2	3	4	5	6	7
7. 本项目团队在需要时，为不同的情况创建多个场景	1	2	3	4	5	6	7
8. 本项目团队收集信息以准备配置切换时的情况	1	2	3	4	5	6	7
9. 本项目团队经常搜索意味着重大变化的指标	1	2	3	4	5	6	7
10. 本项目团队有效地建立了团队任务的优先级	1	2	3	4	5	6	7
11. 本项目团队在面对新的任务情况时，可以快速地支持成员	1	2	3	4	5	6	7
12. 当工作溢出到有限的成员时，本项目团队会快速修改工作角色系统	1	2	3	4	5	6	7
13. 本项目团队探索和测试了不同起搏和协调序列的配合性	1	2	3	4	5	6	7
14. 本项目团队将传达影响任务瓶颈和过载的因素	1	2	3	4	5	6	7

信息深度加工（中介变量）

参与国际项目时，您是如何融入跨文化环境的？请在最符合您实际情况的数字上打“√”	非常不符合→非常符合					
1. 本项目团队成员开放地分享各自的知识以弥补不足	1	2	3	4	5	6
2. 本项目团队成员为形成最佳解决方案而仔细考察各个观点及视角	1	2	3	4	5	6
3. 本项目团队成员仔细考虑其他同事所提供的独特信息	1	2	3	4	5	6
4. 我们是作为一个团队而非单个个体来产生想法和解决问题	1	2	3	4	5	6

团队绩效（结果变量）

请您根据自己的实际感受和体会，用下面 4 项描述对您要评估的团队进行评价和判断，并在最符合的数字上打“√”	非常不符合→非常符合						
1. 这个团队实现了它的目标	1	2	3	4	5	6	7
2. 这个团队取得了高绩效	1	2	3	4	5	6	7
3. 这个团队对公司有很大的贡献	1	2	3	4	5	6	7
4. 这个团队在整体成绩方面非常成功	1	2	3	4	5	6	7

基础信息：

本部分为背景资料：请您填写相关信息，或在您认为适合的选项处打“√”，以作为整体分析之用。

1. 您的性别：男□　　女□

2. 您的年龄：20 岁以下□　　21 ~ 25 岁□　　26 ~ 30 岁□　　31 ~ 35 岁□
　　36 ~ 40 岁□　　41 ~ 45 岁□　　46 ~ 50 岁□　　50 岁以上□

3. 您的学历：高中或中专□　大专□　　本科□　　硕士及以上□

4. 您的工龄：1 年及以下□　　1 ~ 2 年□　　2 ~ 5 年□　　5 ~ 10 年□
　　10 ~ 20 年□　　20 年以上□

5. 您的项目所在区域：东盟□　　西亚□　　南亚□　　中亚□
　　独联体国家□

6. 您分管的下属数量：　　　　　名

感谢您辛苦填答。为了资料的完整性，请您回顾是否有漏答选项。

员工问卷部分

尊敬的海外工作人员：

您好！感谢您帮助填写本问卷！

我们是国家社科基金后期资助项目课题组，正在进行海外项目基本情况的调研。本问卷匿名填写，不会涉及您的个人隐私，资料绝对严防泄露。调研结果仅用于学术研究，并且每份问卷不会单独使用，仅作为所有问卷中的一部分进行整体性统计分析。答案没有对错之分，请您按照实际情况放心填写，只需花费您 4min 时间，您的意见对本研究十分重要。如果在填写问卷时有任何疑问，请联系：谢老师 ×××××。

如您对本调查的研究结果感兴趣，请留下您的 E-mail。

××××× 团队建设与组织行为研究中心

×××× 年 ×× 月 ×× 日

本部分调查的是有关您个人对项目团队的感受、判断与做法等，问题项中，您可能同意也可能不同意，都没有关系；请根据实际情况作答。

员工任务绩效（校标检验结果变量）

对于国际项目中遇到的问题时，您将如何应对？请在最符合您实际情况的数字上打“√”	非常不符合→非常符合				
1. 在主要工作职责上工作质量高、品质完美、错误少、正确率高	1	2	3	4	5
2. 在主要工作职责上工作效率高、执行工作快、工作量大	1	2	3	4	5
3. 在主要工作职责上目标达成率高	1	2	3	4	5

工作投入（校标检验结果变量）

参与国际项目时，您是如何融入跨文化环境的？请在最符合您实际情况的数字上打“√”	非常不符合→非常符合						
1. 在工作中，我感到自己迸发出能量	1	2	3	4	5	6	7
2. 工作时，我感到自己强大并且充满活力	1	2	3	4	5	6	7
3. 我对工作富有热情	1	2	3	4	5	6	7
4. 工作激发了我的灵感	1	2	3	4	5	6	7

续表

参与国际项目时，您是如何融入跨文化环境的？请在最符合您实际情况的数字上打“√”	非常不符合→非常符合						
5. 早上一起床，我就想要去工作	1	2	3	4	5	6	7
6. 当工作紧张的时候，我会感到快乐	1	2	3	4	5	6	7
7. 我为自己所从事的工作感到自豪	1	2	3	4	5	6	7
8. 我沉浸于我的工作当中	1	2	3	4	5	6	7
9. 我在工作时会达到忘我的境界	1	2	3	4	5	6	7

基础信息：

本部分为背景资料：请您填写相关信息，或在您认为适合的选项处打“√”，以作为整体分析之用。

1．您的性别：男□　　女□

2．您的年龄：20 岁以下□　　21 ~ 25 岁□　　26 ~ 30 岁□　　31 ~ 35 岁□
36 ~ 40 岁□　　41 ~ 45 岁□　　46 ~ 50 岁□　　50 岁以上□

3．您的学历：高中或中专□　　大专□　　本科□　　硕士及以上□

4．您的工龄：1 年及以下□　　1 ~ 2 年□　　2 ~ 5 年□　　5 ~ 10 年□
10 ~ 20 年□　　20 年以上□

5．您的项目所在区域：东盟□　　西亚□　　南亚□　　中亚□
独联体国家□

感谢您辛苦填答。为了资料的完整性，请您回顾是否有漏答选项。

附录 D：半开放式问卷——本土员工

<table>
<tr><td colspan="11">Questionnaire on conflicts and contradictions in international project management</td></tr>
<tr><td>Date</td><td colspan="5"></td><td>Address</td><td colspan="4"></td></tr>
<tr><td>Gender</td><td></td><td>Nationality</td><td></td><td colspan="2">Education</td><td></td><td></td><td colspan="2">Professional title</td><td></td></tr>
<tr><td>Age</td><td></td><td>Religion</td><td></td><td colspan="2">Major</td><td></td><td></td><td>Position</td><td colspan="2"></td></tr>
<tr><td colspan="11">What do you think are the conflicts and contradictions during your international work experience</td></tr>
<tr><td colspan="3" rowspan="2">Conflicts</td><td colspan="3">Occurrence frequency
（√）</td><td colspan="4">Consequences and effection（√）</td><td rowspan="2">Solution</td></tr>
<tr><td>High</td><td>Mid</td><td>Low</td><td>Terrible</td><td>Serious</td><td>Ordinary</td><td>Little</td></tr>
<tr><td>1</td><td colspan="2"></td><td></td><td></td><td></td><td></td><td></td><td></td><td></td><td></td></tr>
<tr><td>2</td><td colspan="2"></td><td></td><td></td><td></td><td></td><td></td><td></td><td></td><td></td></tr>
<tr><td>3</td><td colspan="2"></td><td></td><td></td><td></td><td></td><td></td><td></td><td></td><td></td></tr>
<tr><td>4</td><td colspan="2"></td><td></td><td></td><td></td><td></td><td></td><td></td><td></td><td></td></tr>
</table>

参考文献

[1] Adler P S，Levine G D I. Flexibility versus efficiency? A case study of model changeovers in the Toyota production system[J]. Organization Science，1999，10（1）：43-68.

[2] Amabile T M. Creativity in context：Update to "The social psychology of creativity." [M]. Westview Press，1996.

[3] Amini-Tehrani，Mohammadali，et al. Validation and psychometric properties of suicide behaviors questionnaire-revised（SBQ-R）in Iran. Asian Journal of Psychiatry，2020（47）：101856.

[4] Anderson N，Potočnik K，Zhou J. Innovation and creativity in organizations：A state-of-the-science review，prospective commentary，and guiding framework [J]. Journal of Management，2014，40（5）：1297-1333.

[5] Ang S，Dyne L V，Koh C，et al. Cultural intelligence：its measurement and effects on cultural judgment and decision making，cultural adaptation and task performance[J]. Management and Organization Review，2007，3（3）：335-371.

[6] Ang S，Rockstuhl T，Christopoulos G. Cultural intelligence and leadership judgment decision making：ethnology and capabilities[M]//Judgment and Leadership. Edward Elgar Publishing，2021：168-181.

[7] Antonakis J E，Cianciolo A T，Sternberg R J. The nature of leadership[M]. Sage Publications，Inc，2004.

[8] Antonakis J，Avolio B J，Sivasubramaniam N. Context and leadership：An examination of the nine-factor full-range leadership theory using the Multifactor Leadership Questionnaire[J]. Leadership Quarterly，2003，14（3）：261-295.

[9] Avolio B，Walumbwa F，Weber T J. Leadership：Current theories，research，and future directions[J]. Management Department Faculty Publications，2009，60（1）：421-449.

[10] Aycan Z. Cross-cultural industrial and organizational psychology-contributions，past developments，and future directions[J]. Journal of Cross-Cultural Psychology，2000，31（1）：110-128.

[11] Aycan Z. Leadership and teamwork in developing countries: Challenges and opportunities[J]. Online Readings in Psychology & Culture, 2004, 7 (2).

[12] Ayoko O B, Härtel C E J. Cultural diversity and leadership: A conceptual model of leader intervention in conflict events in culturally heterogeneous workgroups[J]. Cross Cultural Management: An International Journal, 2006, 13 (4).

[13] Bagozzi R P. An examination of the validity of two models of attitude[J]. Multivariate Behavioral Research, 1981, 16 (3): 323-359.

[14] Balkundi P, Harrison D A. Ties, leaders, and time in teams: Strong inference about network structure's effects on team viability and performance [J]. Academy of Management Journal, 2006, 49 (1): 49-68.

[15] Bass B M, Avolio B J, Jung D I, et al. Predicting unit performance by assessing transformational and transactional leadership[J]. Journal of Applied Psychology, 2003, 88 (2): 207.

[16] Bollen K A. Sample size and Bentler and Bonett's nonnormed fit index[J]. Psychometrika, 1986, 51 (3): 375-377.

[17] Cai Y, Jia L, Li J. Dual-level transformational leadership and team information elaboration: The mediating role of relationship conflict and moderating role of middle way thinking[J]. Asia Pacific Journal of Management, 2017, 34 (2): 399-421.

[18] Castell C H, Moore B A, Jangaard P M, et al. Oxidative rancidity in frozen stored cod fillets[J]. Journal of the Fisheries Research Board of Canada, 1966, 23 (9): 1385-1401.

[19] Castka P, Bamber C J, Sharp J M, et al. Factors affecting successful implementation of high performance teams[J]. Team Performance Management: An International Journal, 2001, 7 (7/8): 123-134.

[20] Chan S C H. Transformational leadership, self-efficacy and performance of volunteers in non-formal voluntary service education[J]. Journal of Management Development, 2020, 39 (7/8): 929-943.

[21] Charmaz K. Constructing grounded theory: A practical guide through qualitative analysis[M]. Sage, 2006.

[22] Charmaz K. Constructing grounded theory[M]. Sage, 2014.

[23] Charmaz K. Grounded theory: Objectivist and constructivist methods[J]. Handbook of Qualitative Research, 2000, 2 (1): 509-535.

[24] Chen S, Wang Z, Zhang Y, et al. Affect-driven impact of paradoxical leadership on employee organizational citizenship behaviour[J]. Journal of Management & Organization, 2021, 12(1): 1-14.

[25] Chen X P, Eberly M B, Chiang T J, et al. Affective trust in Chinese leaders: Linking paternalistic leadership to employee performance[J]. Journal of Management, 2014, 40 (3): 796-819.

[26] Chen Y, Chen Z X, Zhong L, et al. Social exchange spillover in leader–member relations: A multilevel model[J]. Journal of Organizational Behavior, 2015, 36 (5): 673-697.

[27] Choi I, Nisbett R E. Cultural psychology of surprise: Holistic theories and recognition of contradiction[J]. Journal of Personality and Social Psychology, 2000, 79 (6): 890-905.

[28] Chrobot-Mason D, Ruderman M N, Weber T J, et al. Illuminating a cross-cultural leadership challenge: when identity groups collide[J]. International Journal of Human Resource Management, 2007, 18 (11): 2011-2036.

[29] Conger J A, Kanungo R N, Menon S T. Charismatic leadership and follower effects[J]. Journal of Organizational Behavior: The International Journal of Industrial, Occupational and Organizational Psychology and Behavior, 2000, 21 (7): 747-767.

[30] Conlon M. The dynamics of intense work groups: A study of British string quartets[J]. Administrative Science Quarterly, 1991, 36 (2): 165-186.

[31] Corbin J, Strauss A. Grounded theory research: Procedures, canons and evaluative criteria[J]. Zeitschrift Für Soziologie, 1990, 19 (6) .

[32] D'Alessio F A, Avolio B E, Charles V. Studying the impact of critical thinking on the academic performance of executive MBA students[J]. Thinking Skills and Creativity, 2019 (31): 275-283.

[33] Dameron S, Torset C. The discursive construction of strategists' subjectivities: Towards a Paradox lens on strategy[J]. Journal of Management Studies, 2014, 51 (2): 291-319.

[34] Dashuai, Ren, Zhu Bin. How does paradoxical leadership affect innovation in teams: An integrated multilevel dual process model[J]. Human Systems Management, 2020, 39 (1): 11-26.

[35] Day D V. Leadership processes and follower self-identity[J]. Personnel Psychology, 2004, 57 (2): 517-520.

[36] DeGroot T, Kiker D S, Cross T C. A meta-analysis to review organizational outcomes related to charismatic leadership[J]. Canadian Journal of Administrative Sciences-Revue Canadienne Des Sciences De L Administration, 2000, 17 (4): 356-371.

[37] Denison D R, Hooijberg R, Quinn R E. Paradox and performance: Toward a theory of behavioral complexity in managerial leadership[J].Organization Science, 1995, 6 (5): 524-540.

[38] Denzin N, Lincoln Y. Entering the field of qualitative research[C]// N Denzin & Y Lincoln the Landscape of Qualitative Research Thousand Oaks: Sage. 1994.

[39] Earley P C, Ang S. Cultural intelligence: individual interactions across cultures. Stanford University Press, 2003.

[40] Earley P C. Redefining interactions across cultures and organizations: Moving forward with cultural intelligence[J]. Research in Organizational Behavior, 2002, 24: 271-299.

[41] Ehnert I. Sustainable human resource management: A conceptual and exploratory analysis from a paradox perspective[M]. Physica-Verlag HD, 2009.

[42] Ehrhart M G, Naumann S E. Organizational citizenship behavior in work groups: A group norms approach[J]. Journal of Applied Psychology, 2004, 89 (6): 960-974.

[43] Ennis R H. A taxonomy of critical thinking dispositions and abilities [M]. Teaching Thinking Skills: Theory and Practice. New York, NY, US; W H Freeman/Times Books/ Henry Holt & Co, 1987:9-26.

[44] Facione P A, Facione N C, Giancarlo C A F. Professional judgment and the disposition toward critical thinking[J]. Retrieved Nov, 1997 (21): 2020.

[45] Facione P A, Sanchez C A, Facione N C, et al. The disposition toward critical thinking[J]. The Journal of General Education, 1995, 44 (1): 1-25.

[46] Fairhurst G T, Putnam L L. An integrative methodology for organizational oppositions: Aligning grounded theory and discourse analysis[J]. Organizational Research Methods, 2019, 22 (4): 917-940.

[47] Fiedler F E. The contingency model and the dynamics of the leadership process - science direct[J]. Advances in Experimental Social Psychology, 1978 (11): 59-112.

[48] Ford J K, Maccallum R C, Tait M. The application of exploratory factor analysis in applied psychology: A critical review and analysis[J]. Personnel Psychology, 1986, 39 (2): 291-314.

[49] Fornell, C, Larcker, D F. Evaluating structural equation models with unobservable variables and measurement error[J]. Journal of Marketing Research, 1981, 18 (1): 39-50.

[50] Friesen J P, Kay A C, Eibach R P, et al. Seeking structure in social organization: Compensatory control and the psychological advantages of hierarchy[J]. Journal of Personality and Social Psychology, 2014, 106 (4): 590-609.

[51] Fürstenberg N, Alfes K, Kearney E. How and when paradoxical leadership benefits work engagement: The role of goal clarity and work autonomy[J]. Journal of Occupational and Organizational Psychology, 2021, 94 (3): 672-705.

[52] Gardner W L, Lowe K B, Moss T W, et al. Scholarly leadership of the study of leadership: A review of the leadership quarterly's second decade, 2000-2009[J]. Leadership Quarterly, 2010,

21（6）：922-958.

[53] Gavetti G，Levinthal D. Looking forward and looking backward：Cognitive and experiential search[J]. Administrative Science Quarterly，2000，45（1）：113–137.

[54] Glaser B G. Theoretical sensitivity：Advances in the methodology of grounded theory[M]. Journal of Investigative Dermatology，1978.

[55] Gonzalez- Mulé E，S Cockburn B，W McCormick B，et al. Team tenure and team performance：A meta-analysis and process model[J]. Personnel Psychology，2020，73（1）：151-198.

[56] Gonzalez-Mule E，Courtright S H，Degeest D，et al. Channeled autonomy：The joint effects of autonomy and feedback on team performance through organizational goal clarity[J]. Journal of Management，2016，42（7）：2018-2033.

[57] Gorsuch R L. Exploratory factor analysis：Its role in item analysis[J]. Journal of Personality Assessment，1997，68（3）：532-560.

[58] Grant J E，Potenza M N，Weinstein A，et al. Introduction to behavioral addictions[J]. The American Journal of Drug and Alcohol Abuse，2010，36（5）：233-241.

[59] Griffin M A，Neal A，Parker S K. A new model of work role performance：Positive behavior in uncertain and interdependent contexts[J]. Academy of Management Journal，2007，50（2）：327-347.

[60] Guo S，Hu Q. Be zhongyong and be ethical：dual leadership in promoting employees' thriving at work[J]. Chinese Management Studies，2021，16（5）：1021-1042.

[61] Guzzo R A，Shea G P. Group performance and intergroup relations in organizations[M]. US：Consulting Psychologists Press，1992：269-313.

[62] Hackman J R，Wageman R. A theory of team coaching[J]. Academy of Management Review，2005，30（2）：269-287.

[63] Hackman J R. The design of work teams In Handbook of organizational behavior[M]. Lorsch，1987：315-342.

[64] Hair J F，Sarstedt M，Ringle C M，et al. An assessment of the use of partial least squares structural equation modeling in marketing research[J]. Journal of the Academy of Marketing Science，2012（40）：414-433.

[65] Hair，Joseph F，et al. Multivariate data analysis：Pearson Prentice Hall upper saddle river. 2006：6.

[66] Hinkin T R . A Brief Tutorial on the development of measures for use in survey questionnaires[J]. Organizational Research Methods，1998，1（1）：104-121.

[67] Hinkin T R. A review of scale development practices in the study of organizations[J]. Journal of Management，1995，21（5）：967-988.

[68] Hitt，Michael A，Ireland，et al. Strategic entrepreneurship：Creating value for individuals，organizations，and society[J]. Academy of Management Perspectives，2011，25（2）：57-75.

[69] Hofstede G. Motivation，leadership，and organization：Do American theories apply abroad? [J]. Organizational Dynamics，1980，9（1）：42-63.

[71] Horwitz S K，Horwitz I B. The effects of team diversity on team outcomes：A meta-analytic review of team demography[J]. Journal of Management，2007，33（6）：987-1015.

[71] House R，Javidan M，Hanges P，et al. Understanding cultures and implicit leadership theories across the globe：An introduction to project globe[J]. Journal of World Business，2002，37（1）：3-10.

[72] Huntington S P：The clash of civilizations? In Culture and politics，New York：Palgrave Macmillan，2000：99-118.

[73] Ishaq E，Bashir S，Khan A K.Paradoxical leader behaviors：Leader personality and follower outcomes[J]. Applied Psychology，2021，70（1）：342-357.

[74] Jacobsen C B，Andersen L. Leading public service organizations：How to obtain high employee self-efficacy and organizational performance[J]. Public Management Review，2017，19（2）：253-273.

[75] Jansen J，Kostopoulos K C，Mihalache O R，et al. A Socio- psychological perspective on team ambidexterity：The contingency role of supportive leadership behaviours[J]. Journal of Management Studies，2016，53（6）.

[76] Javidan M，Dorfman P W，De Luque M S，et al. In the eye of the beholder：Cross cultural lessons in leadership from project globe[J]. Academy of Management Perspectives，2006，20（1）：67-90.

[77] Jia J，Yan J，Cai Y，et al. Paradoxical leadership incongruence and Chinese individuals' followership behaviors：moderation effects of hierarchical culture and perceived strength of human resource management system[J]. Asian Business & Management，2018（17）：313-338.

[78] Jiang J，Yang B. Roles of creative process engagement and leader–member exchange in critical thinking and employee creativity[J]. Social Behavior and Personality：An International Journal，2015，43（7）：1217-1231.

[79] Jing R，Van de Ven A H. Being versus becoming ontology of paradox management[J]. Cross Cultural & Strategic Management，2016，23（4）：558-562.

[80] Judge T A, Bono J E, Ilies R, et al. Personality and leadership: A qualitative and quantitative review[J]. Journal of Applied Psychology, 2002, 87(4): 765-780.

[81] Judge T A, Piccolo R F. Transformational and transactional leadership: A meta-analytic test of their relative validity[J]. Journal of Applied Psychology, 2004, 89(5): 755.

[82] Judge T A, Thoresen C J, Pucik V, et al. Managerial coping with organizational change: A dispositional perspective[J]. Journal of Applied Psychology, 1999, 84(1): 107-122.

[83] Kaiser R B, Hogan R, Craig S B. Leadership and the fate of organizations[J]. American Psychologist, 2008, 63(2): 96-110.

[84] Kaltiainen J, Hakanen J. Fostering task and adaptive performance through employee well-being: The role of servant leadership[J]. Business Research Quarterly, 2022, 25(1): 28-43.

[85] Kauppila O P, Tempelaar M P. The social-cognitive underpinnings of employees' ambidextrous behaviour and the supportive role of group managers' leadership[J]. Journal of Management Studies, 2016, 53(6): 1019-1044.

[86] Kearney E, Gebert D, Voelpel S C. When and how diversity benefits teams: The importance of team members' need for cognition[J]. Academy of Management Journal, 2009, 52(3): 581-598.

[87] Kearney E, Shemla M, van Knippenberg D, et al. A paradox perspective on the interactive effects of visionary and empowering leadership[J]. Organizational Behavior and Human Decision Processes, 2019(155): 20-30.

[88] Kim M S, Methot J R, Park W W, et al. The paradox of building bridges: Examining countervailing effects of leader external brokerage on team performance[J]. Journal of Organizational Behavior, 2022, 43(1): 36-51.

[89] Klonek F E, Volery T, Parker S K. Managing the paradox: Individual ambidexterity, paradoxical leadership and multitasking in entrepreneurs across firm life cycle stages[J]. International Small Business Journal, 2021, 39(1): 40-63.

[90] Kuchler B, Granovetter. Economic action and social structure: The problem of embeddedness[J]. Schlüsselwerke der Netzwerkforschung, 2019, 91(3): 247-250.

[91] Lai E R. Critical thinking: A literature review[J]. Pearson's Research Reports, 2011, 6(1): 40-41.

[92] Lau D C, Liden R C. Antecedents of coworker trust: Leaders' blessings[J]. Journal of Applied Psychology, 2008, 93(5): 1130.

[93] Lewis M W, Smith W K. Paradox as a metatheoretical perspective: Sharpening the focus and widening the scope[J]. Journal of Applied Behavioral Science, 2014, 50(2): 127-149.

[94] Lewis M W. Exploring paradox：Toward a more comprehensive guide[J]. Academy of Management Review，2000，25（4）：760-776.

[95] Li X，Andersen T J，Hallin C A. A Zhong-Yong perspective on balancing the top-down and bottom-up processes in strategy-making[J]. Cross Cultural & Strategic Management，2019，26（3）：313-336.

[96] Li Z，Chen H，Ma Q，et al. Ceo empowering leadership and corporate entrepreneurship：The roles of tmt information elaboration and environmental dynamism[J]. Frontiers in Psychology，2021：12.

[97] Liden R C，Antonakis J. Considering context in psychological leadership research[J]. Human Relations，2009，62（11）：1587-1605.

[98] Liu S，Wu Y H，Lin Z. Building identity in diverse teams：The effect of paradoxical leadership on team creativity[C]//Academy of Management Proceedings. Briarcliff Manor，NY 10510：Academy of Management，2017（1）：16140.

[99] Lord R G，Foti R J，Vader C L D. A test of leadership categorization theory：Internal structure，information processing，and leadership perceptions[J]. Organizational Behavior and Human Performance，1984，34（3）：343-378.

[100] Mammassis C S，Schmid P C. The role of power asymmetry and paradoxical leadership in software development team agility[M]. Cognition and Innovation，2018.

[101] Matteucci X，Gnoth J. Elaborating on grounded theory in tourism research[J]. Annals of Tourism Research，2017，65（1）：49-59.

[102] McGrath，J E.DilemmaticsThe study of research choices and dilemmas[J]. American Behavioral Scientist，1981，25（2）：179-210.

[103] Miao C，Humphrey R H，Qian S. A cross-cultural meta-analysis of how leader emotional intelligence influences subordinate task performance and organizational citizenship behavior[J]. Journal of World Business，2018，53（4）：463-474.

[104] Miles M B，Huberman A M，Saldana J. A methods sourcebook[M]. Qualitative Data Analysis，2014.

[105] Natale S M，Libertella A F，Rothschild B. Team performance management[M]. Team Performance Management：An International Journal，1995.

[106] Ng T W H，Feldman D C. Employee voice behavior：A meta-analytic test of the conservation of resources framework [J]. Journal of Organizational Behavior，2012，33（2）：216-234.

[107] Novelli Jr L，Taylor S. The context for leadership in 21st-century organizations：A role for critical

thinking[J]. American Behavioral Scientist, 1993, 37 (1): 139-147.

[108] Nunnally, Jum C. Psychometric theory—25 years ago and now.[J]. Educational Researcher, 1975, 4 (10): 7-21.

[109] Ochieng E G, Price A D F. Managing cross-cultural communication in multicultural construction project teams: The case of Kenya and UK[J]. International Journal of Project Management, 2010, 28 (5): 449-460.

[110] O'Connor M K, Netting F E, Thomas M L. Grounded theory-managing the challenge for those facing institutional review board oversight[J]. Qualitative Inquiry, 2008, 14 (1): 28-45.

[111] O'Reilly III C A, Tushman M L. Organizational ambidexterity: Past, present, and future[J]. Academy of Management Perspectives, 2013, 27 (4): 324-338.

[112] Osland J, Osland A. Expatriate paradoxes and cultural involvement[J]. International Studies of Management & Organization, 2005, 35 (4): 91-114.

[113] Park I J, Shim S H, Hai S, et al. Cool down emotion, don't be fickle! The role of paradoxical leadership in the relationship between emotional stability and creativity[J]. The International Journal of Human Resource Management, 2021, 33 (3): 1-31.

[114] Parker S K , Bindl U K , Strauss K . Making things happen: A model of proactive motivation[J]. Journal of Management, 2010, 36 (4): 827-856.

[115] Pearce C L, Wassenaar C L, Berson Y, et al. Toward a theory of meta-paradoxical leadership[J]. Organizational Behavior and Human Decision Processes, 2019, 155 (1): 31-41.

[116] Pidduck R J, Shaffer M A, Zhang Y, et al. Cultural intelligence: An identity lens on the influence of cross-cultural experience[J]. Journal of International Management, 2022, 28 (3): 100928.

[117] Poole M S, Van d V A H. Using Management to Build Paradox and University of Minnesota. 1989.

[118] Priesemuth M, Schminke M, Ambrose M L, et al. Abusive supervision climate: A multiple-mediation model of its impact on group outcomes[J]. Academy of Management Journal, 2014, 57 (5): 1513-1534.

[119] Pulakos E D, Arad S, Donovan M A, et al. Adaptability in the workplace: Development of a taxonomy of adaptive performance[J]. Journal of Applied Psychology, 2000, 85 (4): 612.

[120] Putnam L L, Fairhurst G T, Banghart S. Contradictions, dialectics, and paradoxes in organizations: A constitutive approach[J]. Academy of Management Annals, 2016, 10 (1): 65-171.

[121] Qurrahtulain K，Bashir T，Hussain I，et al. Impact of inclusive leadership on adaptive performance with the mediation of vigor at work and moderation of internal locus of control[J]. Journal of Public Affairs，2022，22（1）：e2380.

[122] Ralston D A，Holt D H，Terpstra R H，et al. The impact of national culture and economic ideology on managerial work values：A study of the United States，Russia，Japan，and China[J]. Journal of International Business Studies，1997，28（1）：177-207.

[123] Rego A，Owens B，Leal S，et al. How leader humility helps teams to be humbler，psychologically stronger，and more effective：A moderated mediation model[J]. The Leadership Quarterly，2017，28（5）：639-658.

[124] Resick C J，Murase T，Randall K R，et al. Information elaboration and team performance：Examining the psychological origins and environmental contingencies[J]. Organizational Behavior and Human Decision Processes，2014，124（2）：165-176.

[125] Richard D M. A review of the relationships between personality and performance in small groups[J]. Psychological Bulletin，1959，56（4）：241.

[126] Rockstuhl T，Seiler S，Ang S，et al. Beyond general intelligence（IQ）and Emotional Intelligence（EQ）：The role of cultural intelligence（CQ）on cross-border leadership effectiveness in a globalized World[J]. Journal of Social Issues，2011，67（4）：825-840.

[127] Rosing K，Frese M，Bausch A. Explaining the heterogeneity of the leadership-innovation relationship：Ambidextrous leadership [J]. The Leadership Quarterly，2011（22）：956-974.

[128] Russell，D. W. In search of underlying dimensions：The Use（and Abuse）of factor analysis in personality and social psychology bulletin[J]. Personality & Social Psychology Bulletin，2002，28（12）：1629-1646.

[129] Ryan R，Deci E. Self-determination theory and the facilitation of intrinsic motivation，social development，and well-being [J]. The American Psychologist，2000（55）：68-78.

[130] Salancik G R，Pfeffer J. A social information processing approach to job attitudes and task design[J]. Administrative Science Quarterly，1978（1）：224-253.

[131] Schad J，Lewis M W，Raisch S，et al. Paradox research in management science：Looking back to move forward[J]. Academy of Management Annals，2016，10（1）：5-64.

[132] Schiuma G，Schettini E，Santarsiero F，et al. The transformative leadership compass：six competencies for digital transformation entrepreneurship[J]. International Journal of Entrepreneurial Behavior & Research，2021，28（5）：1273-1291.

[133] Schriesheim C A, Powers K J, Scandura T A, et al. Improving construct measurement in management research: Comments and a quantitative approach for assessing the theoretical content adequacy of paper-and-pencil survey-type instruments[J]. Journal of Management, 1993, 19（2）: 385-417.

[134] Shao Y, Nijstad B A, Täuber, et al. Creativity under workload pressure and integrative complexity: The double-edged sword of paradoxical leadership[J]. Organizational Behavior and Human Decision Processes, 2019, 155（1）: 7-19.

[135] She Z, Li Q, Yang B, et al. Paradoxical leadership and hospitality employees' service performance: The role of leader identification and need for cognitive closure[J]. International Journal of Hospitality Management, 2020（89）: 102524.

[136] She Z, Quan L. Paradoxical leader behaviors and follower job performance: Examining a moderated mediation model[J]. Academy of Management Annual Meeting Proceedings, 2017（1）: 13558.

[137] Shi S, Shaw J D. The cross-cultural generalizability of paradoxical leadership [J]. Academy of Management Proceedings, 2017（1）: 15546.

[138] Shin S J, Zhou J. When is educational specialization heterogeneity related to creativity in research and development teams? Transformational leadership as a moderator [J]. Journal of Applied Psychology, 2007, 92（6）: 1709-1721.

[139] Siggelkow N, Levinthal D A. Temporarily divide to conquer: Centralized, decentralized, and reintegrated organizational approaches to exploration and adaptation[J]. Organization Science, 2003, 14（6）.

[140] Sinha J B P. Facets of societal and organisational cultures and managers' work related thoughts and feelings[J]. Psychology and Developing Societies, 2004, 16（1）: 1-25.

[141] Sinha J. Towards indigenization of psychology in India [J]. Contributions in Psychology, 2003, 42: 11-28.

[142] Smith W K, Lewis M W. Leadership skills for managing paradoxes[J]. Industrial and Organizational Psychology, 2012, 5（2）: 227-231.

[143] Smith W K, Lewis M W. Toward a theory of paradox: A dynamic equilibrium model of organizing[J]. Academy of Management Review, 2011, 36（2）: 381-403.

[144] Smith W K, Tushman M L. Managing strategic contradictions: A top management team model for simultaneously exploring and exploiting[M]. Palgrave Macmillan UK, 2010.

[145] Smith K K, Berg D N. Paradoxes of group life: Understanding conflict, paralysis, and movement in group dynamics [M]. Jossey-Bass, 1987.

[146] Sparr J L, van Knippenberg D, Kearney E. Paradoxical leadership as sensegiving: stimulating change-readiness and change-oriented performance[J]. Leadership & Organization Development Journal, 2022, 43 (2): 225-237.

[147] Stadtler L, Van Wassenhove L N. Coopetition as a paradox: Integrative approaches in a multi-company, cross-sector partnership[J]. Organization Studies, 2016, 37 (5): 655-685.

[148] Stogdill R M. Personal factors associated with leadership; a survey of the literature[J]. The Journal of Psychology, 1948 (25): 35-71.

[149] Strauss A L. Qualitative analysis for social scientists: Grounded formal theory: Awareness contexts[J]. 1987 (11): 241-248.

[150] Sulphey M M, Jasim K M. Paradoxical leadership as a moderating factor in the relationship between organizational silence and employee voice: An examination using SEM[J]. Leadership & Organization Development Journal, 2022, 43 (3): 457: 481.

[151] Sundstrom E, De Meuse K P, Futrell D. Work teams: Applications and effectiveness[J]. American Psychologist, 1990, 45 (2): 120.

[152] Tabarsa G, Shokouhyar S, Olfat M. The paradoxical influence of job satisfaction on destructive employees' voice, considering the mediating role of social network sites and organizational commitment[J]. Journal of Public Administration, 2018, 10 (2): 311-332.

[153] Thomas J P, Whitman D S, Viswesvaran C. Employee proactivity in organizations: A comparative meta-analysis of emergent proactive constructs[J]. Journal of Occupational and Organizational Psychology, 2010, 83 (2): 275-300.

[154] Thompson J.Organizations in action: Social science bases in administrative behavior[M]. Pan American Journal of Public Health, 1967.

[155] Tierney P, Farmer S M. Creative self-efficacy: Its potential antecedents and relationship to creative performance[J]. The Academy of Management Journal, 2002, 45 (6): 1137-1148.

[156] Tripathi N, Miron-Spektor E, Lewis M W. Mixed blessings: dynamic impact of paradoxical leader behavior on subordinate' engagement and CWB[C]//Academy of Management Proceedings. Briarcliff Manor, NY 10510: Academy of Management, 2018 (1): 10654.

[157] Tung R L, Miller E L. Managing in the twenty-first century: The need for Global orientation[J]. MIR: Management International Review, 1990, 30 (1): 5-18.

[158] Tushman, Michael, L, et al. Reflections on the 2013decade award "exploitation, exploration, and process management: the productivity dilemma revisited" ten years later. [J]. Academy of Management Review, 2015, 40 (4): 497-514.

[159] Tuuli M M, Rowlinson S, Fellows R, et al. Empowering the project team: impact of leadership style and team context[J]. Team Performance Management, 2012, 18 (3-4) .

[160] Uzoigwe E I E, Chukwuma-Offor A M, Ategwu P O. The indispensability of critical thinking and moral-leadership in management of higher education in nigeria[J]. GPH-International Journal of Educational Research, 2022, 5 (5): 9-21.

[161] Vallerand R J, Paquet Y, Philippe F L, et al. On the role of passion for work in burnout: A process model[J]. Journal of Personality, 2010, 78 (1): 289-312.

[162] Van Ginkel W P, van Knippenberg D. Group leadership and shared task representations in decision making groups[J]. The Leadership Quarterly, 2012, 23 (1): 94-106.

[163] Van Knippenberg D, De Dreu C K W, Homan A C. Work group diversity and group performance: an integrative model and research agenda[J]. Journal of Applied Psychology, 2004, 89 (6): 1008.

[164] Velarde J M, Ghani M F, Adams D, et al. Towards a healthy school climate: The mediating effect of transformational leadership on cultural intelligence and organisational health[J]. Educational Management Administration & Leadership, 2022, 50 (1): 163-184.

[165] Volk S, Waldman D A, Barnes C M. A circadian theory of paradoxical leadership[J]. Academy of Management Review ja, 2022.

[166] Waldman D A, Bowen D E. Learning to be A paradox-savvy leader[J]. Academy of Management Perspectives, 2016, 30 (3): 316-327.

[167] Walsh M. Misery loves companies: Rethinking social initiatives by business[J]. Administrative Science Quarterly, 2003, 48 (2): 268-305.

[168] Wang C H. Personality traits, political attitudes and vote choice: Evidence from the United States [J]. Electoral Studies, 2016 (44): 26-34.

[169] West M A, Wallace M. Innovation in health care teams[J]. European Journal of Social Psychology, 1991, 21 (4): 303-315.

[170] Williams L J, Anderson S E. Job satisfaction and organizational commitment as predictors of organizational citizenship behavior and in-role behavior[J]. Journal of Management, 1991, 17 (3): 601-617.

[171] Xue Y，Li X，Liang H，et al. How does paradoxical leadership affect employees' voice behaviors in workplace? A leader-member exchange perspective[J]. International Journal of Environmental Research and Public Health，2020，17（4）：1162.

[172] Yang F，Huang X，Wu L. Experiencing meaningfulness climate in teams：How spiritual leadership enhances team effectiveness when facing uncertain tasks[J]. Human Resource Management，2019，58（2）：155-168.

[173] Yang J，Treadway D C. A social influence interpretation of workplace ostracism and counterproductive work behavior[J]. Journal of Business Ethics，2018（148）：879-891.

[174] Yang Y，Fan Y，Jia J. The Eastern construction of paradoxical cognitive framework and its antecedents：A Yin-Yang balancing perspective[J]. Chinese Management Studies，2021.

[175] Yang Y，Li Z，Liang L，et al. Why and when paradoxical leader behavior impact employee creativity：Thriving at work and psychological safety[J]. Current Psychology，2019，40（1）：1911-1922.

[176] Yang Y，Li Z，Liang L，et al. Why and when paradoxical leader behavior impact employee creativity：Thriving at work and psychological safety[J]. Current Psychology，2021，40（4）：1911-1922.

[177] Yao X，Yang Q，Dong N，et al. Moderating effect of Zhong Yong on the relationship between creativity and innovation behaviour[J]. Asian Journal of Social Psychology，2010，13（1）：53-57.

[178] Yi L，Mao H，Wang Z. How paradoxical leadership affects ambidextrous innovation：The role of knowledge sharing[J]. Social Behavior and Personality：An International Journal，2019，47（4）：1-15.

[179] Zaim H，Demir A，Budur T. Ethical leadership，effectiveness and team performance：An Islamic perspective[J]. Middle East Journal of Management，2021，8（1）：42-66.

[180] Zhang M J，Zhang Y，Law K S. Paradoxical leadership and innovation in work teams：The multilevel mediating role of ambidexterity and leader vision as a boundary condition[J]. Academy of Management Journal，2022，65（5）：1652-1679.

[181] Zhang Y，Crant J M，Weng Q. Role stressors and counterproductive work behavior：The role of negative affect and proactive personality[J]. International Journal of Selection and Assessment，2019，27（3）：267-279.

[182] Zhang Y，Han Y L. Paradoxical leader behavior in long-term corporate development：Antecedents

and consequences[J]. Organizational Behavior and Human Decision Processes，2019（155）：42-54.

[183] Zhang Y，Liu S M. Balancing employees’ extrinsic requirements and intrinsic motivation：A paradoxical leader behaviour perspective[J]. European Management Journal，2022，40（1）：127-136.

[184] Zhang Y，Waldman D A，Han Y L，et al. Paradoxical leader behaviors in people management：Antecedents and consequences[J]. Academy of Management Journal，2015，58（2）：538-566.

[185] Zheng Y，Graham L，Epitropaki O，et al. Service leadership，work engagement and service performance：The moderating role of leader skills[J]. Group & Organization Management，2020，45（1）：43-74.

[186] 安胜利，陈平雁 . 量表的信度及其影响因素 [J]. 中国临床心理学杂志，2001，9（4）：4.

[187] 曹萍，赵瑞雪 . 悖论式领导对员工创意领地行为的影响：一个有调节的中介模型 [J]. 科技管理研究，2022，42（2）：137-145.

[188] 曹元坤，张倩，祝振兵，等 . 基于扎根理论的团队追随研究：内涵、结构与形成机制 [J]. 管理评论，2019，31（11）：147-160.

[189] 陈淑敏，吴秀莲 . 外派管理人员跨文化胜任力开发路径分析 [J]. 中外企业家，2016（28）：145-147.

[190] 陈向明 . 社会科学中的定性研究方法 [J]. 中国社会科学，1996（6）：10.

[191] 陈向明 . 质的研究方法与社会科学研究 [M]. 北京：教育科学出版社，2000.

[192] 陈悦明，葛玉辉 . 国有企业高层管理团队绩效的战略决策新视角研究展望 [J]. 工业技术经济，2007（2）：6-9.

[193] 成中英 . 文化· 伦理与管理 [M]. 北京：东方出版社，2011.

[194] 崔圆庭 . Cultural intelligence and adjustment：An empirical investigation on roles of social media usage and dynamic cross-cultural competencies[D]. 北京：对外经济贸易大学，2020.

[195] 戴晓 . 双碳背景下海外新能源市场投资开发思考 [J]. 国际工程与劳务，2022，452（3）：26-29.

[196] 丹尼尔· 阿杰贝克· 彼得森 . 跨文化领导力是企业全球化成功的关键 [J]. 首席人才官商业与管理评论，2018（1）：62-73.

[197] 翟东升 . 电力行业是共建“一带一路”的中坚力量 [J]. 中国电力企业管理，2021（13）：2.

[198] 丁琳，耿紫珍，单春霞，等 . 创意越轨：双元领导影响员工创意实施的“非法”路径研究 [J]. 科技进步与对策，2024，41（1）：116-125.

[199] 杜红，王重鸣 . 外资企业跨文化适应模式分析：结构方程建模 [J]. 心理科学，2001（4）：

415-417.

[200] 杜旌，冉曼曼，曹平．中庸价值取向对员工变革行为的情景依存作用 [J]. 心理学报，2014，46（1）：113-124.

[201] 杜娟，赵曙明，林新月．悖论型领导风格情境下团队断层与团队创造力的作用机制研究 [J]. 管理学报，2020，17（7）：10.

[202] 费小冬．扎根理论研究方法论：要素、研究程序和评判标准 [J]. 公共行政评论，2008（3）：23-43.

[203] 付正茂．悖论式领导对双元创新能力的影响：知识共享的中介作用 [J]. 兰州财经大学学报，2017，33（1）：11-20.

[204] 傅维雄．赢在全局——境外项目投资从策划到实施 [M]. 北京：机械工业出版社，2020.

[205] 高嘉勇，吴丹．中国外派人员跨文化胜任力指标体系构建研究 [J]. 科学学与科学技术管理，2007（5）：169-173.

[206] 耿紫珍，王艳粉，唐慧利，等．上行下效：悖论领导行为对下属创造力的涓滴机理研究 [J]. 软科学，2022，36（8）：138-144.

[207] 管建世，罗瑾琏，钟竞．动态环境下双元领导对团队创造力影响研究——基于团队目标取向视角 [J]. 科学学与科学技术管理，2016，37（8）：159-169.

[208] 韩杨，杨力，杨郭松睿．悖论式领导对团队创造力的链式中介效应研究 [J]. 软科学，2023，37（6）：138-144.

[209] 韩翼，麻晓菲．一蹶不振或再次出发？领导拒谏对员工行为动机的影响研究 [J]. 商业经济与管理，2022（1）：12.

[210] 韩翼，麻晓菲，王娟．自我损耗理论视角下悖论式领导对纳谏的影响机制研究 [J]. 财贸研究，2023：1-19.

[211] 何蓓婷．跨国企业中方外派人员的跨文化适应研究 [D]. 广州：华南理工大学，2019.

[212] 何斌，李泽莹，郑弘．跨文化领导力的内容结构模型及其验证研究——以中德跨文化团队为例 [J]. 经济管理，2014，36（12）：83-94.

[213] 何香枝．简论孔子的“中庸”思想 [J]. 福州大学学报（社会科学版），1998（4）：8-12.

[214] 花常花，罗瑾琏，闫丽萍．知识权力视角下悖论式领导对研发团队创新的作用及影响机制研究 [J]. 科技进步与对策，2022，39（2）：139-149.

[215] 贾旭东，衡量．基于“扎根精神”的中国本土管理理论构建范式初探 [J]. 管理学报，2016，13（3）：336-346.

[216] 贾旭东，衡量．扎根理论的“丛林”、过往与进路 [J]. 科研管理，2020，41（5）：151-163.

[217] 贾旭东，谭新辉．经典扎根理论及其精神对中国管理研究的现实价值 [J]. 管理学报，2010，7（5）：656-665.

[218] 江静，董雅楠，杨百寅，等．工作绩效的提升需要批判性思维？一个被调节的中介模型检验 [J]. 科学学与科学技术管理，2019，40（4）：137-149.

[219] 江静，杨百寅．善于质疑辨析就会有高创造力吗：中国情境下的领导——成员交换的弱化作用 [J]. 南开管理评论，2014（2）：12.

[220] 姜平，张丽华，秦歌．关系视角下悖论领导行为的有效性研究 [J]. 当代财经，2019（8）：71-81.

[221] 蒋跃进，梁樑．团队绩效管理研究述评 [J]. 经济管理，2004（13）：4.

[222] 金辉，许虎．双元领导负面影响员工创新行为的路径与边界：一个被双调节的中介模型 [J]. 科技进步与对策，2023，40（14）：141-149.

[223] 金涛．团队悖论式领导与创造力关系研究 [D]. 南京：南京大学，2017.

[224] 凯西·卡麦兹．建构扎根理论：质性研究实践指南 [M]. 边国英，译．重庆：重庆大学出版社，2009.

[225] 郎艺，尹俊．中庸不利于创新吗？中庸领导行为对团队创新影响的理论建构 [J]. 中国人力资源开发，2021，38（6）：19.

[226] 李灿，辛玲．调查问卷的信度与效度的评价方法研究 [J]. 中国卫生统计，2008（5）：541-544.

[227] 李锡元，夏艺熙．悖论式领导对员工适应性绩效的双刃剑效应——工作活力和角色压力的作用 [J]. 软科学，2022，36（2）：6.

[228] 李锡元，闫冬，王琳．悖论式领导对员工建言行为的影响：心理安全感和调节焦点的作用 [J]. 企业经济，2018，37（3）：102-109.

[229] 李雪，魏江茹，陈於婷．悖论式领导激发员工韧性作用机制的案例研究 [J]. 科学与管理，2023，43（5）：31-40.

[230] 李宜菁，唐宁玉．外派人员跨文化胜任力回顾与模型构建 [J]. 管理学报，2010，7（6）：841-845.

[231] 李英，罗维昱．中国对外能源投资争议解决研究 [M]. 北京：知识产权出版社，2014.

[232] 刘冰，魏鑫，蔡地等．基于扎根理论的外派项目经理跨文化领导力结构维度研究 [J]. 中国软科学，2020（4）：109-122.

[233] 刘善堂，刘洪．复杂环境中悖论式领导的应对能力研究 [J]. 现代管理科学，2015（10）：13-15.

[234] 刘影．“一带一路”背景下跨文化领导力的生成逻辑及建构路径 [J]. 领导科学论坛，2021（1）：132-135.

[235] 刘追，闫舒迪．电子领导力对跨文化团队有效性的影响及管理启示[J]. 中国人力资源开发，2015（19）：19-23.

[236] 刘追，张媛媛．团队情境下电子领导力对工作重塑的影响研究——基于社会交换理论和组织变革理论[J]. 领导科学，2021（22）：92-96.

[237] 卢晴．酒店悖论式领导对新生代员工建言行为的影响研究[D]. 青岛：青岛大学，2020.

[238] 陆阳漾，胡茉，翁丹迅，等．跨文化背景下的外派知识转移影响因素研究：一个逻辑框架[J]. 中国集体经济，2020（35）：119-122.

[239] 罗瑾琏，胡文安，钟竞．悖论式领导、团队活力对团队创新的影响机制研究[J]. 管理评论，2017，29（7）：122-134.

[240] 罗瑾琏，胡文安，钟竞．双元领导对新员工社会化适应与创新的双路径影响研究[J]. 科学学与科学技术管理，2016，37（12）：161-173.

[241] 罗瑾琏，花常花，钟竞．悖论式领导对知识团队创新的影响及作用机制研究[J]. 科技进步与对策，2015，32（11）：121-125.

[242] 孟凡臣，刘博文．跨文化吸收能力：跨国并购背景下知识转移过程的探索[J]. 管理工程学报，2019，33（2）：50-60.

[243] 欧阳晨慧，朱永跃，过旻钰．双元领导与“建言悖论”：一项跨层次研究[J]. 管理评论，2022，34（8）：229-242.

[244] 潘绥铭，姚星亮，黄盈盈．论定性调查的人数问题：是“代表性”还是“代表什么”的问题——“最大差异的信息饱和法”及其方法论意义[J]. 社会科学研究，2010（4）：108-115.

[245] 庞大龙，徐立国，席酉民．悖论管理的思想溯源、特征启示与未来前景[J]. 管理学报，2017，14（2）：8.

[246] 彭伟，李慧．悖论式领导对员工主动行为的影响机制——团队内部网络连带强度与上下级关系的作用[J]. 外国经济与管理，2018，40（7）：142-154.

[247] 彭伟，马越．悖论式领导对团队创造力的影响机制——社会网络理论视角[J]. 科技进步与对策，2018，35（22）：145-152.

[248] 秦伟平，姜岩，吴圆圆，等．悖论式领导对员工建言行为的影响机制研究[J]. 南京财经大学学报，2020（3）：64-72.

[249] 中华人民共和国商务部．商务部召开例行新闻发布会[EB/OL].（2021-01-21）[2024-02-26]. http：//www.mofcom.gov.cn/xwfbh/20210121.shtml.

[250] 舒睿，梁建．基于自我概念的伦理领导与员工工作结果研究[J]. 管理学报，2015，12（7）：1012-1020.

[251] 苏勇，雷霆．悖论式领导对员工创造力的影响：基于工作激情的中介作用 [J]. 技术经济，2018，37（9）：10-17.

[252] 孙柯意，张博坚．悖论式领导对变革支持行为的影响机制——基于员工特质正念的调节作用 [J]. 技术经济与管理研究，2019（8）：45-50.

[253] 谭乐，蒿坡，杨晓，等．悖论式领导：研究述评与展望 [J]. 外国经济与管理，2020，42（4）：63-79.

[254] 陶厚永，吴芊芊，胡文芳．悖论式领导行为对员工创造力的影响研究 [J]. 管理评论，2022，34（2）：215-227.

[255] 陶祁，王重鸣．管理培训背景下适应性绩效的结构分析 [J]. 心理科学，2006，29（3）：5.

[256] 田志龙，靳顺柔子，熊琪．跨国公司中国员工的跨文化胜任力研究——“走出去”与“走进来”企业间的比较 [J]. 浙江工商大学学报，2013（5）：79-90.

[257] 屠兴勇，彭娅娅，林琤璐，等．领导教练行为对员工创造性问题解决的影响：一个链式中介效应模型 [J]. 管理评论，2021，33（3）：182-191.

[258] 王朝晖．悖论式领导如何让员工两全其美？——心理安全感和工作繁荣感的多重中介作用 [J]. 外国经济与管理，2018，40（3）：107-120.

[259] 王福俭．中国企业境外投资和对外承包工程风险管控及案例分析 [M]. 北京：中国经济出版社，2015.

[260] 王亮．中国企业外派人员社会网络对外派适应的影响研究 [D]. 北京：对外经济贸易大学，2018.

[261] 王璐，高鹏．扎根理论及其在管理学研究中的应用问题探讨 [J]. 外国经济与管理，2010，32（12）：10-18.

[262] 王庆娟，张金成．工作场所的儒家传统价值观：理论、测量与效度检验 [J]. 南开管理评论，2012（4）：15.

[263] 王圣慧，易明，罗瑾琏．双元领导对建言行为的影响：内部动机与外部动机的作用 [J]. 科学学与科学技术管理，2019，40（7）：136-150.

[264] 王甦．孟子的中道思想 [J]. 孔子研究，1990（2）：99-106.

[265] 王彦蓉，葛明磊，张丽华．矛盾领导如何促进组织二元性——以任正非和华为公司为例 [J]. 中国人力资源开发，2018，35（7）：134-145.

[266] 王永丽，邓静怡，任荣伟．授权型领导、团队沟通对团队绩效的影响 [J]. 管理世界，2009（4）：119-127.

[267] 王泽宇，王国锋，井润田．基于外派学者的文化智力、文化新颖性与跨文化适应研究 [J]. 管

理学报，2013，10（3）：384-389.

[268] 吴明隆 . SPSS 统计应用实务：问卷分析与应用统计 [M]. 北京：科学出版社，2003.

[269] 吴肃然，李名荟 . 扎根理论的历史与逻辑 [J]. 社会学研究，2020（2）：25.

[270] 吴肃然，闫誉腾，宋春晖 . 反思定性研究的困境——基于研究方法教育的分析 [J]. 中国社会科学评价，2018（4）：20-29.

[271] 武亚军 . “战略框架式思考”“悖论整合”与企业竞争优势——任正非的认知模式分析及管理启示 [J]. 管理世界，2013（4）：150-163.

[272] 辛杰，屠云峰 . 中国文化背景下的中庸型领导：概念、维度与测量 [J]. 西南大学学报（社会科学版），2020，46（4）：58-66.

[273] 熊明 . 悖论的自指性与循环性 [J]. 逻辑学研究，2014，7（2）：1-19.

[274] 徐笑君 . 外派人员跨文化沟通能力对工作绩效的影响研究：专业知识学习的中介效应 [J]. 研究与发展管理，2016，28（4）：87-96.

[275] 许晖，王亚君，单宇 . “化繁为简”：跨文化情境下中国企业海外项目团队如何管控冲突？ [J]. 管理世界，2020，36（9）：128-140.

[276] 亚里士多德 . 工具论（上下）[M]. 北京：中国人民大学出版社，2003.

[277] 严燕 . 跨文化情形下变革型领导与团队绩效关系研究 [J]. 河南社会科学，2013，21（8）：54-58.

[278] 杨柳 . 悖论型领导对员工工作投入的影响：有调节的中介模型 [J]. 心理科学，2019，42（3）：646-652.

[279] 杨中芳 . 传统文化与社会科学结合之实例：中庸的社会心理学研究 [J]. 中国人民大学学报，2009（3）：8.

[280] 杨中芳 . 中国人的世界观：中庸实践思维初探 [M]. 台北：远流书店，2001.

[281] 杨壮 . 没有跨文化领导力 国际化寸步难行 [J]. 中外管理，2017，（7）：79-81.

[282] 尹奎，支前闯，代向阳，等 . 双元、悖论式领导对绩效的影响 [J]. 科研管理，2022，43（8）：165-173.

[283] 虞杭 . 中庸之道新论 [J]. 青岛大学师范学院学报，2001（4）：6-8.

[284] 张德，王雪莉，张勉 . 管理学：新结构、新观点、新实践 [M]. 北京：人民邮电出版社，2015.

[285] 张艳芳 . 提升中国企业“跨文化领导力”路径探析 [J]. 中国领导科学，2020（4）：85-88.

[286] 郑弘 . 跨文化领导力对领导效能的影响机理研究 [D]. 广州：广东工业大学，2014.

[287] 周燕华，崔新健 . 员工社会网络对外派适应的影响及文化距离的调节效应——基于中国跨国公司外派人员的实证研究 [J]. 河北经贸大学学报，2012，33（5）：71-75.

[288] 朱珊 . 国际工程承包中的项目风险管理 [J]. 建筑经济，2004（5）：76-79.

[289] 朱颖俊，张渭，廖建桥，等 . 鱼与熊掌可以兼得：悖论式领导的概念、测量与影响机制 [J]. 中国人力资源开发，2019，36（8）：16.

[290] 朱永新 . 中华管理智慧 [M]. 苏州：苏州大学出版社，1999.

[291] 朱永新 . 管理心智：中国古代管理心理思想及其现代价值 [M]. 北京：经济管理出版社，2012.